2~3岁宝宝照护all pass
安心全指南

乐妈咪孕育团队 主编

成就更好的宝宝
遇见更好的自己

2~3岁

江西科学技术出版社

·南昌·

图书在版编目（CIP）数据

2～3岁宝宝照护all pass安心全指南 / 乐妈咪孕育团队主编. -- 南昌：江西科学技术出版社，2018.4
ISBN 978-7-5390-6070-5

Ⅰ.①2… Ⅱ.①乐… Ⅲ.①婴幼儿－哺育－指南 Ⅳ.①TS976.31-62

中国版本图书馆CIP数据核字(2017)第225497号

选题序号：ZK2017265
图书代码：D17073-101
责任编辑：李智玉

2～3岁宝宝照护all pass安心全指南

2～3 SUI BAOBAO ZHAOHU ALL PASS ANXIN QUAN ZHINAN

乐妈咪孕育团队　主编

摄影摄像	深圳市金版文化发展股份有限公司
选题策划	深圳市金版文化发展股份有限公司
封面设计	深圳市金版文化发展股份有限公司
出　　版	江西科学技术出版社
社　　址	南昌市蓼洲街2号附1号
	邮编：330009　电话：（0791）86623491　86639342（传真）
发　　行	全国新华书店
印　　刷	深圳市雅佳图印刷有限公司
开　　本	720mm×1020mm　1/16
字　　数	180千字
印　　张	13
版　　次	2018年4月第1版　2018年4月第1次印刷
书　　号	ISBN 978-7-5390-6070-5
定　　价	39.80元

赣版权登字：-03-2017-329

目 录
Content

Part 4
宝宝的学习

Part 5
宝宝的情感与社交

Part 1
宝宝的生活
宝宝日常生活的规矩建立

让宝宝学会自理

借由宝宝想主动动手做，
让宝宝从玩中学

两岁到两岁半的孩子能做到的事更多了，喜欢观察和模仿大人的动作，经常想尝试自己动手做某些事情，爸妈应该抓住这个时机，鼓励宝宝的主动性，多训练宝宝自己动手做的能力。

如何培养宝宝独立吃饭？

根据心理学研究发现，人生来就有一种惰性（即依赖性），但这种与生俱来的惰性在后天不同的教育环境影响下，在每个人身上呈现出来的反应是不同的，在这期间，父母的教育方式是助长或抑制孩子依赖性产生的关键因素之一。

因此，建议爸妈对宝宝的独立自主性要从小在家里就开始培养，让宝宝自己学会穿衣、吃饭、刷牙、上洗手间、收拾玩具等针对日常起居的自理能力，以期望宝宝能够得到更全面的发展。以

此在促进宝宝手眼协调和四肢协调的能力外，更为进一步塑造个人性格和品格提供了先决条件，还能让宝宝更容易地融入幼儿园的集体生活。

两岁之后的宝宝脱离婴儿期，处于天才期，是建立基础能力的阶段，同时也是主动学习欲旺盛的时候，喜欢挑战、活动力十足，动手能力也比较强，什么都想要自己来。所以想训练宝宝独立用餐的爸妈，可以为宝宝在家里准备专门的小饭桌、小椅子和宝宝餐具，让宝宝有专属的配套吃饭空间可以练习。并且在吃饭的前后一定要养成良好而正确的饮食习惯。

首先，吃饭前必须要认真地把小手仔细洗干净、擦干，然后穿上围兜，端正地坐在小椅子上，等待爸妈为他上餐。刚开始宝宝不会做这些准备工作，爸妈要耐心地重复引导，以身作则地让宝宝有对象能够模仿，并且一次只能对一个步骤提出要求，逐渐地督促直到宝宝能够自己完成。同时还要培养宝宝按时吃饭的好习惯，每天都能够规律地在用餐时间等待爸妈为他准备的营养饭菜。

如果有些宝宝不爱一个人吃饭，也可以为他安排一个位子，让他用家里的餐桌和爸妈能够一起吃饭，促进亲子关系更融洽，创造愉快的吃饭时光。值得注意的是，吃饭的时候爸妈尽量不要因为怕宝宝弄脏桌面或地面、经常打翻食物或把食物洒出来、吃饭速度太慢等因素，就忍耐不住动手喂宝宝吃饭，以免阻碍他自己动手的能力和动力。

宝宝餐具怎么挑选？

两岁宝宝的肌肉发展还不完善，很容易就打翻碗盘、食物乱洒。虽然知道宝宝不是故意的，但爸妈在背后收拾真的很累人。

所谓工欲善其事，必先利其器。因为宝宝施力还不太会拿捏，容易把食物洒出碗外，所以给宝宝的碗要挑选开口宽且深的。或者市面上有些独特餐具，如碗下附有特殊安装的"吸盘碗"，例如：能够让碗吸附在桌面上。选用可以固定的碗就可避免宝宝打翻碗、盘的机会。

给爸妈的贴心建议

让宝宝自己吃饭的过渡性训练

1. 喂东西给宝宝吃时，让宝宝手里也拿一只汤匙，训练宝宝自己动手吃饭的感觉。

2. 把土豆条、胡萝卜条等条状食物夹给宝宝抓握，训练他用大拇指和食指抓食物。

3. 爸妈可以喂宝宝到快要喂完的时候，把剩下的食物给宝宝自己解决，再逐渐过渡到一开始就让宝宝自己进食。

宝宝可以开始用筷子了吗?

两岁左右的宝宝自主性开始发展,独立活动能力大幅增加,在用餐时,通过练习,汤匙和叉子能够很快地上手并且用的顺利,也经常对爸妈手上的筷子展现出浓烈的兴趣和高度好奇心,想模仿爸妈使用,但是时候该教宝宝如何使用了吗?

筷子是非常具有民族特色的餐具,需要五只手指都灵活才能好好使用,并且得经过不少练习。

虽说宝宝的肢体活动随着年龄成长,发展逐渐趋向成熟、准确、灵活与协调,是学习各种技能、形成各种习惯的好时机,但此时宝宝的肌肉发展尚未完备,手指灵活性不够,还不足以能掌握使用筷子的技巧。一般来说,三岁以上的宝宝才能够学会使用筷子。

如果宝宝对筷子有兴趣,急于想模仿爸妈,不妨可以在有爸妈监督的情况下给宝宝尝试,但不以能够独立使用筷子吃饭为目的,而是让宝宝能够训练手指的灵活性,以及增加对筷子的熟悉程度,帮助宝宝小肌肉的发展。

爸妈可以在吃饭的时候帮宝宝准备一套齐备的餐具,再让宝宝依自己的兴趣来决定先使用哪一个,除了让宝宝保持对吃饭的兴趣、增加对餐具的熟悉,还能借此让宝宝比较出各自使用上目的性的不同。比如:用叉子舀不起汤或粥、汤匙用来吃面条并不容易等等。

对于筷子的使用,宝宝可能一时之间也还分不清正反,对于长短粗细也没有什么太清楚的概念,更不懂得怎么单纯依靠使用中指、食指和拇指来同时操作两根筷子夹取东西。不过也不必太过着急,两岁的宝宝应该要强化模仿,所以只要爸妈在吃饭时以身作则,多为宝宝做一些夹取各类食物的示范动作,作为宝宝学习模仿的榜样,就可以逐渐让他熟悉使用筷子的方法。

其实两岁的宝宝是否能够流畅地使用筷子,并不是最重要的,重要的是宝宝胃口好,吃饭吃得香,身体发育能够健康强壮,所以爸妈不需要着急,也不要强迫宝宝使用筷子。

需要给宝宝使用学习筷吗?

市面上因应宝宝的需求,除了有为宝宝着想而设计的长度稍短的筷子,还有方便宝宝们学习使用筷子的前阶练习学习筷可供购买。学习筷的颜色、形状、设计样式琳琅满目,虽说主要的诉求都是为了让宝宝将来能够好好使用筷子,打下良好的基础,但怎样的学习筷才是适合宝宝使用的呢?

首先，爸爸妈妈应该要注意了解学习筷的制造材质，是不是适合送进嘴里，以及材质的耐热程度，例如：常见的ABS（树脂），可耐酸碱，并且也能承受一般温度的热食。

接着要注意观察学习筷的形状和长度是否适合宝宝掌握、不用太费力。一般而言，初次接触的宝宝应该先学着使用底端为平面设计的学习筷，造型比较接近夹子，能够提高宝宝使用成功的机会，建立使用筷子的自信心。等宝宝使用初阶的学习筷技巧掌握得熟练了，再试着为宝宝换上形状接近成人使用，进阶底端设计为圆形的学习筷。

最后，要注意配合宝宝的利手来选择，如果宝宝是左利手，那么就应该特别为宝宝挑选适用的学习筷。而学习筷的花样则可让宝宝自己来做决定，让宝宝学习使用筷子更有动力。

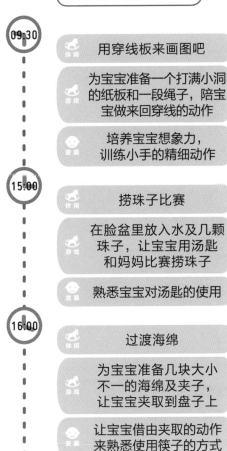

宝宝熟悉餐具的游戏

09:30
- 休闲　用穿线板来画图吧
- 游戏　为宝宝准备一个打满小洞的纸板和一段绳子，陪宝宝做来回穿线的动作
- 发展　培养宝宝想象力，训练小手的精细动作

15:00
- 休闲　捞珠子比赛
- 游戏　在脸盆里放入水及几颗珠子，让宝宝用汤匙和妈妈比赛捞珠子
- 发展　熟悉宝宝对汤匙的使用

16:00
- 休闲　过渡海绵
- 游戏　为宝宝准备几块大小不一的海绵及夹子，让宝宝夹取到盘子上
- 发展　让宝宝借由夹取的动作来熟悉使用筷子的方式

给爸妈的贴心建议

让宝宝容易使用筷子的料理小诀窍

当宝宝练习使用筷子时，刚开始难免会遇到不少挫折，除了在餐桌上做宝宝的学习榜样，妈妈不妨也在料理上运用一些技巧，如选择软硬度适中、容易夹取，也适合宝宝咀嚼能力发展的食材，例如：蝴蝶结状的通心粉；或者是选择不易溜滑的食物，例如：卷芯菜、冻豆腐。以此创造宝宝使用筷子的成就感，暗地作为鼓励宝宝的练习动力。

培养宝宝的刷牙技巧

在日复一日、年复一年的生活活动中，宝宝不知不觉的反复进行着行为练习，积累、聚集着各式各样习惯。这时，爸妈必须对宝宝提出合理、必要的生活、作息、卫生等行为规范和要求，让宝宝能够养成良好的卫生习惯。

两岁后的宝宝已经有了16～22颗的乳牙，爸妈可以放手让他们尝试自己帮自己刷牙，再经由爸妈的口头指导，练习把牙刷得更干净。值得注意的是，两岁左右的宝宝有些漱口动作还不太熟练，不太会吐出泡沫，所以不一定要使用牙膏刷牙，只用清水也可以。

要让宝宝的刷牙技巧更进一阶、更熟练，爸妈需要具备一定的耐心。

首先，需要让宝宝对着镜子，张开嘴仔细观察自己已经长出的乳牙，再准备一杯清水或者淡盐水，将牙刷蘸上清水后，第一步就要学习刷门牙这一块，采用一次刷两颗牙、上下刷的刷法，再把牙刷横着伸进腮帮子，绕着圆圈上下刷。其次，待两边牙齿的外侧全都刷完之后，再张大嘴，按照由后往前的顺序刷牙齿内侧，然后轻轻地刷上下牙齿的接触面。接着漱口，清洁牙刷。最后，要由爸妈用牙线棒仔细地替宝宝清洁牙缝，避免牙冠蛀牙，然后再替宝宝重新刷过一次牙和舌苔，才算结束。

宝宝年龄越小，神经系统的可塑性越大，各种好习惯就越容易养成，所以爸妈应该抓住培养习惯的最佳期，细致地教宝宝刷牙，还要准备宝宝自己喜欢的牙刷花样和杯子，并时不时鼓励宝宝，给宝宝正面回馈，如："今天刷牙刷得真仔细，宝贝牙齿亮晶晶"或"牙齿和嘴巴都香喷喷的呢"等，让宝宝喜欢上刷牙，也让宝宝养成良好的口腔护理习惯。

此外，爸妈是宝宝无声的榜样，要以榜样的力量去感染、影响宝宝。就算有些宝宝不喜欢有异物伸进口腔，爸妈还是要每天坚持早晚和宝宝一起进浴室，不能"三天打鱼、两天晒网"，并且以各种方式督促宝宝在不同时间各刷一次牙。

宝宝该不该使用电动牙刷？

在许多烦恼于宝宝不肯主动刷牙的爸爸妈妈之间，各式各样的儿童电动牙刷开始流行起来。电动牙刷会自动旋转或颤动，比起传统手动牙刷显得新颖好玩，甚至还具备声光效果，更易受到宝宝们的喜爱，轻易地就诱发了宝宝刷牙的兴趣，使之主动地要求刷牙。很多爸爸妈妈为了帮助宝宝从小养成刷牙的好习惯，也会应允给宝宝购买电动牙刷。

电动牙刷按照刷头转动的方式分为整个刷头左右转动、刷头左右前后摆动，比起手动牙刷更能深入清洁牙缝，刷到普通牙刷难以清洁的地方、清除更多牙菌斑。

但是对于操作技巧尚未成熟的宝宝来说，电动牙刷要比普通牙刷更难准确地针对牙齿使用，并且因为牙齿和牙龈组织比较脆弱，宝宝的拿捏不当也容易造成牙龈损伤红肿或牙齿磨损。

假如宝宝是因为无法接受刷牙需要用上几分钟的时间，爸爸妈妈还是可以考虑购买软毛、转速低的儿童专用电动牙刷，但是应该要在宝宝自己手动刷过牙后，由爸妈来使用电动牙刷替宝宝二次刷牙，采取电动与手动并行的清洁方式。并等宝宝再大一些、掌握的刷牙技巧也成熟了，再考虑让宝宝自行使用。

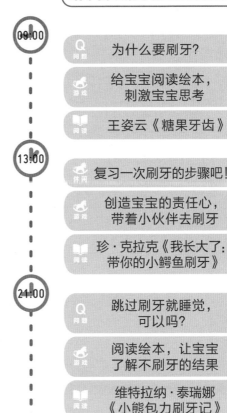

给不喜欢刷牙的宝宝讲故事

09:00

Q 问题 为什么要刷牙？

游戏 给宝宝阅读绘本，刺激宝宝思考

阅读 王姿云《糖果牙齿》

13:00

休闲 复习一次刷牙的步骤吧！

游戏 创造宝宝的责任心，带着小伙伴去刷牙

阅读 珍·克拉克《我长大了：带你的小鳄鱼刷牙》

21:00

Q 问题 跳过刷牙就睡觉，可以吗？

游戏 阅读绘本，让宝宝了解不刷牙的结果

阅读 维特拉纳·泰瑞娜《小熊包力刷牙记》

给爸妈的贴心建议

挑选适合宝宝的牙刷

市面上出售的牙刷琳琅满目，颜色、花样、材质软硬以及各种功能诉求都让人目不暇接，但是宝宝的牙齿和成人的牙齿颗数和大小都不同，形状也不太一样，怎么给宝宝挑选一支适合的牙刷呢？

宝宝的牙龈还很脆弱、牙齿质地稍软，所以应该为宝宝选择软毛、刷头窄小的牙刷，刷毛要细、具有弹性，并且刷柄为粗柄，方便宝宝拿握。

除此之外，每三个月或牙刷开花，就应该要给宝宝更换牙刷，以保持牙刷的清洁。

给宝宝合适的衣服

给宝宝更多衣着选择，
享受自己的衣服

两岁宝宝衣服的样式和面料有很多的选择，爸妈为宝宝挑选衣服的原则是舒服、简洁、大方，兼顾实用与美观。此外，宝宝正在性别认识的敏感期，千万不要给宝宝做异性的打扮，这样会混乱和扭曲宝宝的性别意识。

应该怎样为宝宝挑选衣服？

服装是人类的基本生活必需品，最主要的功能是保护人，使之身体健康。夏日炎炎，要求服装凉爽防暑；寒冬凛冽，要求衣物保暖防寒。对宝宝来说，服装保护身体的作用更为重要。同时，穿着打扮也是生活中的一个重要方面，服装的样式和颜色搭配体现了个人的文化修养和审美情趣，让宝宝挑选衣服，也是一种训练宝宝表达和发展自我的方式。

所以，为宝宝选择适当的衣服应受到爸妈的重视。要使宝宝的穿着与时代精神与生活相互协调，同时也要有利于宝宝的肢体伸展与健康发展。

两岁左右宝宝的衣服不再仅限于婴儿时期的连体装、紧带罩衣等样式，由于活动量增加，户外活动增多，对色彩、样式也有自己的偏爱，因此，衣服的选择性会更加多样。

整体来说挑选宝宝的衣服，主要是从质地、样式和色彩上做选择。

宝宝正处生长发育的关键期，新陈代谢旺盛，活动量大，易出汗，而最贴近宝宝皮肤的是纯棉的衣服，既贴身又吸汗，所以最好都为宝宝购买纯棉的内衣和内裤。

外衣则要选用防污、易清洗，不易刮破的面料，同时也需要注意舒适性与透气性。一般来说，动物纤维和植物纤维的织成品通气性、吸水性良好，能帮助宝宝调节气温，有利体热的散发。

衣服的样式和色彩就可以按照宝宝的喜好来选择，给宝宝选择权，让宝宝对挑选衣物更有参与感。如果宝宝没有个人的要求，爸妈则可从保暖、舒适、透气、款式简洁大方、得体、线条流畅、色彩协调和谐等几个方面来挑选，以简单来表现宝宝的天真与童趣，穿着也舒服。

值得注意的是，因为宝宝好动，应该要避免购买过大或过小的衣服。过小的衣服影响宝宝发育，过大的衣服则容易影响宝宝的活动，适合的尺寸也容易让宝宝自己穿脱，协助宝宝练习自理生活。

此外，新衣服刚买来，要用清水漂洗干净，去掉上面的化学物质之后才能使用。

宝宝的色彩搭配游戏

08:30

 为小伙伴打扮出门

提供宝宝一只供他打扮的娃娃，让他为娃娃搭配衣服

 经由娃娃呈现宝宝的选择，让宝宝知道实际上搭配的样子

15:00

 到商场去观察看看吧

带着宝宝到商场观察其他小孩身上的衣服搭配

适时补充水分

20:00

 手印叠画

准备各色颜料和一张纸，将宝宝手掌涂满，盖到纸上

 经由重叠的颜料，让宝宝了解混色的原理

给爸妈的贴心建议

给宝宝衣服选择权的诀窍

每个孩子都有自己的性格和审美观，对于喜欢的东西也很直接，于是给了宝宝挑选衣服的选择权后，宝宝把自己穿得五彩缤纷或不合时节的例子经常出现，对于爸妈的建议又经常一概拒收，让人头疼。但是因此就要收回给宝宝的自主权吗？

其实爸妈让宝宝作衣物穿着选择时是有诀窍可以遵循的。

首先，爸妈可以先判断天气、温度冷热，替宝宝挑出一些合宜的衣服，搭成两至三套，再让宝宝从中选择一套想穿的。这样不仅满足了宝宝能够选择的心理，久而久之，还能让宝宝从中了解如何判断冷热时适合的穿着，并且可以培养宝宝平时对衣物搭配的基础审美观。

宝宝的服装性别

生活中，我们有时可以看到一些宝宝男扮女装或女扮男装，这现象往往源自于爸妈特殊的愿望：有的爸爸妈妈原本就有特别属意某种性别的宝宝，但生下来的孩子却事与愿违，于是就自顾自地把宝宝当作他们喜欢的性别来打扮；或者失去了孩子后再度生育，为了纪念前一个宝宝，就不顾、不管现在这个宝宝的性别是否和前一个孩子相同等，并且都觉得宝宝还小不必在意、没有关系，其实这样非常不利于宝宝的性格发展和心理健康，爸爸妈妈应该要好好重视这个问题。

宝宝性别意识的确立，是通过自身学习和环境影响而形成的，学习榜样就是与他生活密切相关、经常见到的人，例如：爸妈、祖父母、教师、经常往来的阿姨叔叔，以及各种传播媒介中的人物形象等，这些都为宝宝提供了观察、模仿、学习的样板，在他们的身上常常体现出这些对象留下的烙印。

另外，社会、文化、传统的因素，也会透过成人对宝宝的性别角色产生影响，尤其是父母的教养态度和教养方式，会潜移默化地影响到宝宝身上，或鼓励或阻碍宝宝对性别角色的学习。并且随着年岁的增长和父母指导的方式，男孩女孩的差异性会逐渐形成。

两岁半左右的宝宝就开始会关注自己的性别，当他看见同龄人的时候会发现，有的穿着打扮和自己差不多，有的则和自己不一样；游泳的时候也会看到有的孩子身体结构和自己之间的不同。由此可见，要让宝宝明白自己的性别，必须要给予同性别的正常打扮。

给宝宝异性打扮是直接干涉了宝宝对于性别角色的学习，对宝宝性别角色的发展极为有害，长久下来，宝宝处在生理性别和性别角色割裂的状态中，只会让他们的性别认识错位，分不清男女，并且容易受到同龄人的指点或者嘲笑，遭受心理创伤，成年以后难以取得一致的行为表现，为性取向埋下隐患，会对宝宝往后的人生造成难以挽回的伤痛。

准备宝宝的性教导和相关防范

当宝宝开始注意到自己和有些人的生殖器官不同、性别意识开始确立，可能就会对爸爸妈妈提出关于生命起源的疑问：我从哪里来？

爸爸妈妈这时应该要抓紧时机，注意着手准备教导宝宝一些关于性别的问题，不要回避，以自然的态度让宝宝了解成人和小孩的不同、男人和女人的生理差异。

对于面对宝宝羞于开口或不知道怎么跟宝宝清楚解释的爸爸妈妈，则可以考虑使用相关的绘本故事来对宝宝做解释，如提利·勒南的《种子宝宝》、长谷川义史的《肚脐的洞洞》；并且要特别注意，应该要以正确的器官名称来称呼，例如：阴茎、睾丸、乳房，而不要使用小鸡鸡、小弟弟、蛋蛋、奶奶等约定俗成的别称。

同时，也应该教导宝宝防范性侵害的相关知识，要注重自己的身体隐私，拒绝所有他人未经同意就碰触自己的身体，除了不认识的陌生人，也要包括爸爸妈妈、熟识的叔叔阿姨、隔壁的哥哥姐姐、学校老师等等，有感觉不舒服的碰触动作就应该要勇敢提出拒绝，并且要和对方保持距离、提高警觉性。

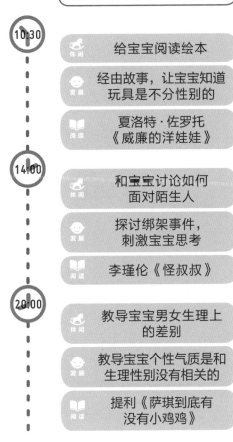

给宝宝初期的性别知识建立

10:30
休闲 — 给宝宝阅读绘本
发展 — 经由故事，让宝宝知道玩具是不分性别的
阅读 — 夏洛特·佐罗托《威廉的洋娃娃》

14:00
休闲 — 和宝宝讨论如何面对陌生人
发展 — 探讨绑架事件，刺激宝宝思考
阅读 — 李瑾伦《怪叔叔》

20:00
休闲 — 教导宝宝男女生理上的差别
发展 — 教导宝宝个性气质是和生理性别没有相关的
阅读 — 提利《萨琪到底有没有小鸡鸡》

给爸妈的贴心建议

消除在物品上的性别刻板印象

两岁宝宝因为语言和认知的发展，已经知道有男生和女生，但对性别的认识还是模糊的，对性别的判定通常来自外表。

在现今的多元社会里，依然普遍存在经由语言或物品给宝宝设定性别框架的成人，例如：对小女孩夸奖"好漂亮"，对小男孩则夸赞"帅气"，或者下意识地给男宝宝购买汽车玩具，给女宝宝买娃娃。

其实，固然男女宝宝天生气质有别，但成人也应该在物品上让宝宝多方尝试，宝宝的优势智能不应该被受限，不分性别都需要有同样的机会被发展，不应自动给物品或游戏贴上性别专属的标签，让宝宝还没全面接触就失去了探索的机会，多可惜！

让宝宝学会自己整理衣服

两岁开始脱离婴儿期的宝宝，正处于幼儿生活常规建立的关键时期，而良好的常规建立是日后人生发展的基础，影响非同一般。

随着宝宝自主能力不断地增加，活动范围日益扩大，手眼协调和双手协调能力已有比较好的发展，语言能力和自我能力也大幅提升，可以用双手操纵自己所需要的、感兴趣的物体，也喜欢重复摆弄实物。虽然还是经常需要依赖成人的协助，但对自己动手做事非常积极。此时，爸爸妈妈的态度便会直接影响宝宝的独立自主和良好习惯的养成。

教导什么事都想尝试的两岁宝宝需要极大的耐性，但爸妈不能因此忽略或省略了教育及教养的责任。

当爸爸妈妈为宝宝穿衣服的时候，宝宝已经熟知顺序，就可以趁机培养宝宝自己独立穿衣服的能力，比如：给宝宝穿上两只袖子之后，就让宝宝自己学习扣扣子、拉拉链、整理衣领，把衣服拉平整等。穿袜子的时候，先让宝宝坐椅子上，用双手把袜子往外翻卷，再把脚伸进去，这样穿起来会方便很多，宝宝的成就感也会提升。

而当宝宝学会自己穿衣服之后，就可以培养他们整理衣服的能力了。

让宝宝在每天睡觉前，将脱掉的外面的衣服放在一边，接着一件件脱去里面的衣服，保留内衣，再换上睡衣。脱下来的衣物则要注意拉伸袖子和裤管，让有图案那一面朝外，再将衣服和裤子分别放好，以方便起床的时候能够换穿。

爸妈收拾干净衣物的时候，也可以把宝宝的衣服交给他，训练宝宝自己整理。首先，让宝宝按照衣服、裤子和内衣、内裤、手帕逐件分类之后，接着从简单的项目开始折起，如袜子和手帕，先由妈妈一个步骤一个步骤慢慢让宝宝对照学习，等宝宝熟悉方法后，再逐项将裤子、衣服交给宝宝自己折叠，并将衣物自己放回衣柜归位。

一回生二回熟，只要耐心引导，总有一天宝宝能够熟练地自己操作，学会统管自己拥有的衣服。

宝宝需要有睡衣和外出服的分别吗？

有些爸妈因为想多给宝宝一点睡觉的时间，或者觉得宝宝年纪小不必在乎更换，抑或是觉得宝宝穿着舒适即可等种种理由，经常让宝宝随心情和喜欢拿了就穿上，没有针对外出、居家和睡衣来对衣服做分类，但有另一派的爸爸妈妈则坚持要让宝宝分别穿着，究竟哪个做法比较好？

一般来说，睡觉时换穿睡衣或家居服、外出时换上外出服，这样的习惯和爸爸妈妈的原生家庭习惯教导、传承有关。事实上，这样的生活习惯也好处多多。除了能够隔开出门一趟所带回来的细菌脏污，防止病菌在家里流窜，比较卫生、干净，并且睡觉时的睡衣或居家服多是采用纯棉制成，也会让睡眠比较舒服、品质提升。此外，也为了让宝宝建立良好的睡眠习惯，将睡衣或家居服与放松、睡觉时间做了反射性的联结，比较容易让宝宝主动入睡。

最重要的是，在这样的生活习惯中，爸爸妈妈也同时为宝宝建立了要看场合搭配适宜穿着的观念，辨别衣服的用途和场合来分别穿着，提前学习以穿衣服来自重及尊重他人的礼仪。

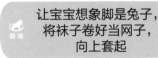

宝宝的穿脱折叠练习

09:00

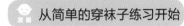

抓兔子

让宝宝想象脚是兔子，
将袜子卷好当网子，
向上套起

从简单的穿袜子练习开始

15:00

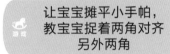

陪妈妈收拾

让宝宝摊平小手帕，
教宝宝捉着两角对齐
另外两角

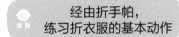

经由折手帕，
练习折衣服的基本动作

17:00

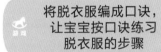

脱衣洗澡好舒爽

将脱衣服编成口诀，
让宝宝按口诀练习
脱衣服的步骤

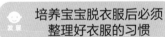

培养宝宝脱衣服后必须
整理好衣服的习惯

给爸妈的贴心建议

帮宝宝选购怎样的衣柜？

给宝宝买个专属的衣柜，能够体现他的所有权，也会让他更珍惜自己的物品。但选购衣柜的要点是什么呢？

1. 选择环保木料和油漆制作的衣柜，避免甲醛和重金属污染。

2. 高度、宽度和深度要适合宝宝的身高，让宝宝能自行使用。

3. 不要有尖锐的棱角，五金也要轻便、耐用，无危险空隙，以防宝宝受伤。

4. 要有防反锁的安全设计，以防止宝宝进去之后出不来。

5. 底座要牢固，重心稳定，以免宝宝推拉时倒下。

对宝宝的日常照料

宝宝还无法用语言清楚表达，
需要爸妈细心观察

宝宝因为身体和心理的迅速成长，感觉复杂却无法用言语表达，容易在这阶段出现一些由于紧张、任性造成的小毛病。爸妈需要特别注意，和宝宝沟通、讲道理仍然是最有效的亲子互动方式。

宝宝出现这些情况怎么办？

①口吃；②脾气大；③胆子小。

口吃是一种常见的语言节律障碍，在说话时出现声音、音节或单词被不正确地重复、延长或停顿的情况，以致原有的语句中断。

宝宝的口吃大多发生在二至五岁，男孩比女孩多。这是在刚学习说话的时候，由于一时找不到适当的词汇，偶尔出现言语不流利的情况，在语言发展过程中是难免的，它会随着年龄的增长和语言的发展慢慢消失。

其他像是遗传和模仿，或者是因为精神紧张、焦虑而口吃，也能够通过消除心理障碍和有意识的语言训练被解决。

而宝宝发脾气，通常是家长的娇宠造成的，可说是当今独生子女的普遍现象。面对宝宝的需求，总是给予满足，没有思考是否合理；面对宝宝不合理的要求，也做了多次让步。这些经验为宝宝提供了百依百顺的生活环境，让宝宝累积了只要一发脾气和哭闹就能够达到自己目的的"成功"经验，从此这种负面情绪就会一直纠正不了。

所以必须要讲理、绝不迁就，以及适当的冷处理来对待这样的无理取闹，当宝宝发现多次要胁失败后，证明发脾气是无效的，就会逐渐放弃这样的举动。

再说胆小的宝宝。这类宝宝在家说唱跳样样行，可是一出家门却像变个人似的，嘴巴木讷寡言、行为呆板，一旦让他们试着做些举动，就紧张万分，愁眉苦脸。

这种现象是来自宝宝对自己不熟悉的人或环境所表现出的一种忧虑反应。这类型的宝宝生活空间一般比较狭小，接触的人、事物很少，平时过分关注自我，以至于在群体中他们总是谨小慎微，唯恐自己成为别人嗤笑的对象，为了避免失败，宁愿放弃尝试。长此以往，宝宝将变得孤独、胆小、畏缩，难以适应社会环境，严重妨碍自身正常健康的发展。

因此，爸妈必须要扩大宝宝的生活圈、结交新的朋友，教导宝宝如何和朋友交流，多发掘他的优点，并且鼓励宝宝积极尝试，培养他自信乐观的个性。

纠正宝宝小毛病的阅读魔法

10:30

口吃不可怕

借助故事让宝宝知道如何看待口吃

艾伦·拉宾诺维茨《谢谢你，美洲豹》

15:00

给一意孤行脾气大的宝宝一些思考空间

和宝宝一起学唱附录的《不生气歌》

赖马《生气王子》

24:00

克服胆小有办法

让胆小的宝宝有勇气面对自己的困难

艾莉·麦考莉《天空在脚下》

给爸妈的贴心建议

三种小毛病来自哪里？

无论是因紧张、焦虑而讲话口吃的宝宝，或是脾气大的小霸王型宝宝，还是对外胆怯的胆小宝宝，综合文中几点都可发现，在宝宝发展个人性格与气质的关键点上，造成宝宝这些小毛病出现的，还是取决于父母对宝宝的教养方式和态度。

父母的关爱太多、过犹不及，或是太过严厉、对宝宝灌注的太多太密集，都会对宝宝造成偏差性的影响。

为此，父母不得不谨言慎行，对两岁宝宝要逐渐能够坚持放手让其做力所能及的事，秉持着坚定、耐性和合适的方式，中庸地走在育儿的道路上。

左撇子该不该强行纠正呢?

左利手就是指惯常使用左手,也称左撇子。在强烈要求划一传统的社会里,左利手经常承受被迫改变的压力。

许多家长发现宝宝习惯用左手之后感到很担忧,就会想要及时地纠正过来。许多爸妈会采取体罚、捆绑、打骂等激烈的方式限制左撇子宝宝用左手,造成宝宝对使用左手似乎有种罪恶感,总是心惊胆跳,但往往只要宝宝能够自由行动,左手又要大行其道。

其实,强迫左撇子改用右手,使宝宝已经创建的优势随之改变,经常造成原有的语言中枢混乱,常见症状是出现口吃,或是发音不准、情绪急躁、学习兴趣下降。同时,宝宝也会因为无法理解而对心理健康产生负面影响。如果爸妈要强行改变宝宝的用手习惯,只会得不偿失。

从生理上来说,左撇子其实是一种正常的发育情况,宝宝习惯用哪只手做事是天生的,就像一个人的头发和眼睛的颜色,是自然而然的。

人的大脑左、右半球分工不同,左脑主管语言、逻辑、书写及右侧肢体运动,而右脑主管色彩、空间感、节奏和左侧肢体运动。在频繁使用语言的过程中,人的左脑比右脑得到更多刺激,形成左脑比右脑相对发达,就此情况看来,其实左撇子天生右脑就为优势大脑,左侧肢体活动又使右脑被锻炼,促成大脑左、右半球同样发达,对促进宝宝大脑的发育是非常有利的。

由此可知,用左手虽然看起来和普通人不太一样,但是以右脑为优势半球,在艺术、文学和音乐方面的才能也会比一般人来的高,并且是不会阻碍宝宝智力的发育,对人格、事业发展等其他方面也没有负面作用。

只要爸妈尊重宝宝使用左手的权利,多加考虑左撇子宝宝在生活上的特殊需要,为宝宝准备左撇子的适当用具,如餐具、文具;注意因惯用手的不同,而必须讲究、调整教育孩子的方法,除此之外,并没有必要忧虑或顾忌旁人的眼光,是没有必要纠正宝宝的。

右利手宝宝需要针对左手使用做训练吗?

坊间有许多扛着潜能开发旗帜的课程,标榜能够开发宝宝右脑,让许多注重早教的爸妈争先恐后地把宝宝送进去,揣想着如果左利手宝宝的右脑使用比较占优势,那么右利手的宝宝是不是也应该要培养开发右脑呢?

左脑主要掌握语言、分析及逻辑部分，右脑则是和空间、色彩以及情绪控制有关，普遍观念都认为在右利手的学习过程中左脑占了较大比例，所以才发展出右脑开发的论调，但爸妈其实应该要将右脑开发视作全脑潜能的开发活动，不应偏好左脑或右脑。

左脑和右脑间其实存在着连结，约在四岁左右就已经发展得非常好，所以在给予宝宝学习刺激时，应该要兼顾左右脑、提高左右脑的交流，多让宝宝做一些左右脑同时进行的活动，养成左右脑交流的习惯，比如多做双手轮流拍球的动作，或者学习双手并用的钢琴，促进两侧脑部交换信息，而不是完全依赖或偏好哪一边，以平均发展为原则才是适当的状态，才能有效地调动整个大脑，有利于宝宝以后学习新的事物。

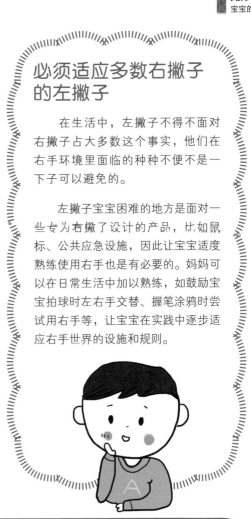

必须适应多数右撇子的左撇子

在生活中，左撇子不得不面对右撇子占大多数这个事实，他们在右手环境里面临的种种不便不是一下子可以避免的。

左撇子宝宝困难的地方是面对一些专为右撇子设计的产品，比如鼠标、公共应急设施，因此让宝宝适度熟练使用右手也是有必要的。妈妈可以在日常生活中加以熟练，如鼓励宝宝拍球时左右手交替、握笔涂鸦时尝试用右手等，让宝宝在实践中逐步适应右手世界的设施和规则。

给爸妈的贴心建议

世界上有哪些名人是左撇子？

世界上有很多名人都是左撇子，许多领域都有左撇子的精彩表现：

1. 政治家：亚历山大大帝、凯撒、拿破仑、甘地。

2. 音乐家：贝多芬、巴赫。

3. 画家：达·文西、米开朗琪罗、拉斐尔、毕加索。

4. 小说家：马克·吐温。

5. 企业家：比尔·盖茨、福布斯。

6. 艺术家：卓别林、嘉宝。

照顾宝宝必须讲求卫生

爸妈拥有良好的生活习惯，尤其是清洁卫生习惯，能够帮助宝宝更健康地成长。幼儿期是习惯养成的重要时期，培养良好的卫生习惯会收到事半功倍的效果；相反地，不良习惯不仅影响宝宝的健康，还会让有样学样的宝宝来者不拒，对坏习惯照单全收。因此，在宝宝身边的成人，对于个人的卫生习惯不可不慎。

一般来说，年轻的父母通常比较注重宝宝的卫生情况，有些个别长辈如宝宝的外公、外婆、爷爷、奶奶，这一辈的老年人都很勤俭节约，有时候就忽略了卫生问题。

如食物掉到地上，用冷水冲冲就吃；有污渍的水果没有洗干净也让宝宝吃，等等。身为宝宝的父母，要仔细对老人家说出这些行为对宝宝的害处。

在婴幼儿时期拥有健康的身体，是造就健康心理的生理基础与前提。

因此宝宝必须要生活在清洁、卫生的环境中。首先，食物和衣物都要干净，并且要培养宝宝勤洗手，尤其是吃饭前、如厕后、外出回家后，都记得仔细把手洗干净，避免进食后引起肠道疾病、腹泻或寄生虫病，抑或用手碰触眼睛，容易引起眼睛感染细菌。

当宝宝还不会自己洗手时，可以让爸妈先帮忙洗，等宝宝熟知步骤后，就可以让宝宝试着自己洗，由爸妈在一旁指点、注意细节即可，最后就能过渡到宝宝能够自己洗手。

此外，要教会宝宝用手帕擦鼻涕和眼泪，而不是使用手或衣袖。

养成宝宝早起和晚睡前需刷牙、洗脸和洗脚的习惯，保持脸部及口腔清洁，避免口腔疾病。每次如厕后要洗屁股，防止大小便刺激外阴皮肤黏膜，引起局部瘙痒。

还要每天勤洗澡、洗头、剪指甲，避免身体藏污纳垢，或感染皮肤病；打喷嚏时要以手掌遮掩口鼻；流感时少到公共场合，以免感染病毒等。

爸妈在教育宝宝养成这些习惯的时候，要循序渐进、坚持不懈，不要让各种情况破坏已养成的规矩，并要学会适当地鼓励以提高宝宝的积极性。

如何让宝宝把手洗干净

许多人在洗手时经常把手沾湿后随意搓揉几下就结束，完全没有达到洗手的目的。而所谓病从口入，负责将食物送进口中的手上的细菌首当其冲，因此养成良好的洗手习惯极为重要，除了能防止感染传染疾病，也间接提升了宝宝的免疫力。

要养成宝宝饭前、饭后，以及从室外进到室内都要洗手的好习惯，爸妈可以先从环境开始准备。首先为宝宝准备成分适用的洗手乳，接着应该视宝宝的身高，在水龙头出水口上安装加长出水口的装置，并且准备一个具备防滑功能的垫脚椅，最后准备宝宝专用的擦手巾，将洗好的手立刻擦干才能避免细菌滋生。

洗手时要先和宝宝一起卷起袖口，打开水龙头仔细教导宝宝耳熟能详的"湿、搓、冲、捧、擦"五步骤：沾湿手、拿肥皂，左搓搓、右揉揉，打开水、冲一冲，甩甩手、擦干净。进行时应特别注意指缝和指尖、手背处的清洁，并从头到尾陪着宝宝做一次，不能省略。

培养宝宝卫生习惯的训练

08:30

和宝宝阅读绘本

《可以不洗手吗？》

甘薇《公主王子成长绘本：我会洗手》

15:00

环境清洁从玩具开始

浴盆内装入开水，和宝宝一起仔细清洗宝宝的玩具

教导宝宝环境卫生的重要，从宝宝的心爱物品开始

19:00

实践洗手的步骤

将洗手步骤编成童谣，使宝宝容易记住

晚餐时间

给爸妈的贴心建议

父母不该做的卫生坏习惯

父母对宝宝的爱有过之而无不及，但是宝宝们的免疫系统和抵抗力均未完善，成人若是肆无忌惮直接对宝宝亲嘴或亲脸颊、抑或为了测量温度直接吸一口宝宝的奶瓶，这样都很容易将大人身上的细菌传染给宝宝，导致宝宝生病。

和宝宝的情感交流可以用各式各样的动作来表达，例如一个温暖的拥抱，或用亲额头代替亲嘴。而对牛奶温度没有把握的话，可以将牛奶滴在手臂内侧，就能测量是否温度适中、适合宝宝引用。

爸妈平时除了自身要表现出良好的卫生习惯，还要教宝宝也学会，作为宝宝模仿的基石。若是看见宝宝出现不好的卫生习惯，要及时制止和纠正。

宝宝外出的安全注意事项

宝宝两岁了，急于探索外面广阔的世界，许多爸爸妈妈都会趁着天气好，想拉着宝宝的小手外出活动。

带宝宝出门好处多多，不仅因为多晒晒太阳能够促进新陈代谢，或多接触外面世界能够养成宝宝较不怕生的独立个性，并且因为两岁宝宝的各方面能力得到迅速发展，特别地好动，需要能做出奔、跑、爬、跳动作的游戏活动，既能满足他们活动需要，又能使身体动作得到发展，也可以让宝宝多看见不同于家中的其他物品实物，刺激宝宝感官认知能力、增加认识物品能力，可以说对宝宝身体及认知发展十分有利。

但户外天气变化多端，周围环境不仅复杂，也瞬息万变，不可控制因素相当多，想带着宝宝出门玩耍的爸爸妈妈要怎样做才能保证宝宝的安全呢？

首先，要先观察宝宝的状态，建议在宝宝心情愉悦及精神状态良好时再安排出门计划。

而宝宝外出的活动不外乎是吃和玩，爸妈要多留意艳阳及气温的变化，并且列出宝宝外出必备用品清单，如尿布、小玩具等。并且自备饮料和零食以便应付长时间的外出，如果要购买食物要注意是否清洁干净。

如果是夏天，要多加注意食物是否在高温的环境下变质；要给宝宝涂抹好防晒乳、防蚊液，预备好充足的水分和预防中暑的药品。如果是冬天外出，则要做好保暖防寒的工作，帽子、手套、围巾、厚外套必不可少，热开水、小被毯和防风口罩也可以准备，一般来说没有特殊情况，冬天最好减少带宝宝外出。

为了避免已经能够独自走路的宝宝出现意外，爸妈应该多留心宝宝行为和动态，以避免发生安全事故。活动的区域要在爸妈检查后环境安全、可以看到宝宝活动的地方，最好由爸妈陪着宝宝一起玩，不仅可以参与宝宝的世界，更容易把握休息时间。

返家后也要注意，先将爸妈自己的双手清洗干净，再带着宝宝将双手及身体清洗干净，避免细菌残留。

宝宝在交通运输上应该注意安全

预备好了带宝宝出游的物品、规划好了路径，那么在前往目的地的交通工具上，应该注意的宝宝安全事项，爸妈仔细预备好了吗？

汽车通常是爸妈带宝宝外出时选择使用的交通工具。但爸妈不应该在车里只用双手环抱宝宝，或只系上同一条安全带，而是要为宝宝准备一个适龄又合格的汽车座椅并且安装在后座上。行车时，宝宝身旁也要有爸妈其中一人陪同，并且绝不能将宝宝单独留在车内，以免宝宝因为好奇心随意降下车窗或随意站立，干扰行车而造成意外伤害。

如果爸妈选择的是以自行车当交通工具，则要注意选择安全的娃娃座椅，并要防范宝宝的双脚卷进后轮里。

值得注意的是，五岁以下的宝宝并不建议乘坐机车，搭乘大众运输交通工具相较之下是更为安全的选择。

而带着宝宝搭乘大众运输工具时，首先要确定车子已停稳了再带宝宝上下车，开动后就要避免在车内走动；上车后要尽量带宝宝往车厢内部移动，如果已经没有座位需要站立，应该让宝宝抓住栏杆、座椅把手或者紧靠着爸妈的身体，防止宝宝在刹车或开车时跌倒。

宝宝外出必备物品的建议清单

宝宝的用品繁琐，爸妈需要在出门前设想好，以应付在外的临时情况。以下是建议清单，提供给需要的爸妈对照：背巾或推车、足够的尿布、尿布垫、母乳或奶粉、卫生纸、手口清洁用品、小被褥、副食品餐具、围兜、护肤膏、万用药、宝宝惯用的奶嘴和小玩具，以及一些小零食。

带宝宝出门是需要宝宝和爸妈双方练习的，几次后爸妈就能驾轻就熟，轻松愉快地和宝宝分享世界了。

给爸妈的贴心建议

和宝宝出门的游玩场地建议

为免病毒或细菌传染，爸妈应多选择开放式的公园或游乐区等，并且是合格安全的场所，仔细注意细节，宝宝才能在安全无虞的前提下快乐玩耍。

若是爸妈要带宝宝去商场这类人流大的地方，考虑带着宝宝而行动不便，宝宝也容易走失，要尽量挑选人少的时间前往。同时，在人多的地方要注意不要让其他顾客的包包或手提物撞到宝宝的头或眼睛，最好无论什么时候都要紧牵着手，不要放开。

训练宝宝的语言能力

两岁宝宝的语言能力表现在词汇的累积上

两岁后的宝宝已能进行简单的日常对话，但是词汇量还不够，所以求知欲特别强，此时爸妈的教育方式和理念很大程度上决定了宝宝的语言发展程度，应该要抓住时机多让宝宝接触各种词汇。

宝宝说的话别人听不懂，怎么办呢？

语言犹如一双无形的双脚，是与人交流的基础，要认识世界、汲取知识、扩大眼界，都要凭借语言来进行。一般来说，语言能力发展较好的孩子，往往求知欲强、智力发展较好、个性活泼开朗、喜欢与人交往，由此可知，语言对于宝宝发展的重要性。

两岁是宝宝学习口语的关键期，虽说每个生理正常的宝宝都会说话，并且都经历了几个相同的阶段，但说话的水准却不尽相同，究其原因，宝宝的语言学习最初是在家庭环境进行的，如果没有良好的教育和环境，宝宝语言的发展就会受到阻碍。

因此，爸妈应该提供各种机会，多与宝宝交谈、提供宝宝广泛的交往和说话的机会，扩大他们的眼界、丰富生活，让宝宝可以说的内容变多。要知道，只有感到许多经验、知识、情感和愿望需要说出来的时候，语言活动才会积极起来，爸妈要鼓励他运用语言，才能记住自己使用的话语，以增进宝宝丰富语言的表达。

而在这样的培养下，宝宝说话却让别人听不懂，一般来说有两种情况。

一种是宝宝口齿不清、表达结构混乱，让人摸不着头脑。还有一种是宝宝在家里时常和父母说简短的语句，意思并没有表达完整，爸妈却在有摸索经验下，能够判断宝宝的意思，但是这样的"暗语"和"断句"却无法让别人明白。

所以，当父母听懂宝宝说话时，一定要坚持让他把语句说完整，比如宝宝手指着餐桌上的水果说："要！"此时爸妈不能直接答应宝宝的要求，而是转而问他："宝宝想要什么？"

当宝宝说出想要的水果名，如苹果或者香蕉的时候，还要接着继续问他"是谁想要吃呢？"如此持续地引导，直到宝宝说出"我想要吃香蕉"之后才拿给他。

爸妈千万不要直接就帮宝宝把没说完的话补充完整，而且给宝宝出很多选择，"你要香蕉还是苹果"？这样惯养宝宝，只会让他们变得娇气、任性，也不愿在语言上多做练习。

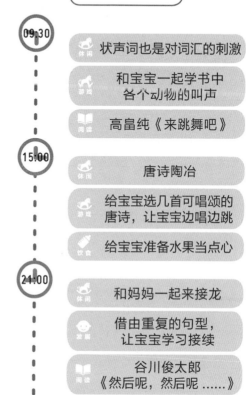

宝宝的词汇补充

09:30
- 状声词也是对词汇的刺激
- 和宝宝一起学书中各个动物的叫声
- 高畠纯《来跳舞吧》

15:00
- 唐诗陶冶
- 给宝宝选几首可唱颂的唐诗，让宝宝边唱边跳
- 给宝宝准备水果当点心

21:00
- 和妈妈一起来接龙
- 借由重复的句型，让宝宝学习接续
- 谷川俊太郎《然后呢，然后呢……》

给爸妈的贴心建议

怎样让宝宝的口齿更清楚？

要让宝宝口齿伶俐、咬字清晰，必须从生活上的小处做起。

1. 要适时让宝宝多吃有利于咀嚼的食物，如花生、核桃、玉米等，不能一味地给宝宝吃细、软的和流质性食物，让宝宝的牙齿和舌头得到充分的锻炼。

2. 多教给宝宝完整的词汇，避免使用叠音词，如"饭饭""糖糖"，而是要让宝宝说"米饭""糖"，等等。

3. 爸妈发现宝宝说不清楚字、词时要立即纠正，多陪宝宝练习几次，不能任其发展。

要重视宝宝提出的各种问题

宝宝在两岁之后探索周围的世界，经常被新奇的事物所吸引，会出现"词饥"的现象，就是对身边的一切都感到好奇，想要知道它们叫什么，为什么这样叫，等等。他们会整天缠着爸妈问这问那，有时候的发问毫无逻辑性，但是积极性却很高。

所谓"小疑则小进，大疑则大进"，对于不懂的问题，疑问是一种明智；对于未知的事物，探求是一种才智。宝宝探求事物万象的好奇心和疑问，正是促成旺盛求知欲的动力，同时也为爸妈提供了解宝宝并与其沟通的绝佳机会。

因此，爸妈对这一时期的宝宝要特别有耐心，认真对待他们的发问、鼓励提问、启发其他提问，并做出正确的回答，让宝宝得到顺利的培养和发展。切忌随便敷衍几句，或吹胡子瞪眼，甚至阻止他们提问，这样会打击宝宝学习新事物、累积词汇的积极性，对宝宝的心理和将来的学习能力都有很大的负面影响。

有些宝宝出现自闭、自卑的负面情绪，都是由于在求知阶段受到打击而造成的，所以爸妈不可不慎重看待。

有时宝宝的问题很简单，有时很无趣，有时令人难堪，无言以对。他们随兴所致，张口就问，毫无顾忌，而父母毕竟不是万事通，一旦遇到自己也不懂的问题，千万别不懂装懂，可以坦然地对宝宝实话实说，承认自己没有办法解答，然后和宝宝一起通过其他方式来寻找答案，比如上网查、翻阅图书，请教会的朋友等，这样是绝对不会影响父母的权威和形象的。

同时，对宝宝的疑问要做出适合宝宝认知能力和心理水准的回答。

面对简单的疑问，可以使用反问来促进宝宝积极思考，让宝宝通过自我教育来解决，或者对宝宝的疑问提供解答后，进一步提出设问，好开扩宝宝的思路和想象。

而考虑到宝宝的实际理解能力，对科学性比较强的问题，应该以浅显易懂的形象语言来回答，以免宝宝不能真正理解，影响了下次提问的兴趣。

让"为什么"诱发宝宝的科学精神

面对宝宝数不尽的"为什么"和积极探索，爸爸妈妈可以选择几个适合宝宝年龄并简单能够实际操作的问题，和宝宝亲自动手操作各种可以变动的因素。让宝宝亲眼体察整个过程的结果和变化，加深宝宝对于结果的印象，得到的知识就更不容易忘记。

如：荷包蛋是怎样煎出来的呢？把蛋打进去前有放油和没有放油会发生什么不同的结果？如果火开大一点或火开小一些，锅里的蛋又会有什么不同的变化呢？或者是：锅里的水煮沸后都到哪里去了？盖上锅盖能够捕捉到水吗？

抑或是和宝宝一起简单地将绿豆放在浸湿的卫生纸上，让宝宝适时地为绿豆浇水，并经由每天的密切观察来了解豆类发芽的整个过程，除了得到知识，还能借以培养宝宝的观察力和责任心。

爸爸妈妈还可以将宝宝提问后又实际操作过的几个"为什么"集结成一本小册子，附上各种操作验证中的过程照片，让宝宝能够更有脉络地学习和记忆所求知过的问题，同时奠定宝宝在科学实验中培养求证精神的良好基础。

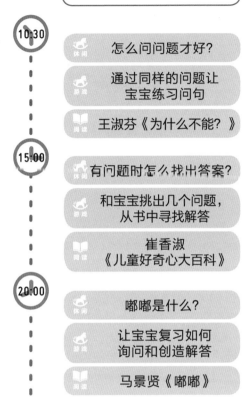

训练宝宝问问题和求解

10:30

休闲 　怎么问问题才好？

游戏 　通过同样的问题让
　　　宝宝练习问句

阅读 　王淑芬《为什么不能？》

15:00

休闲 　有问题时怎么找出答案？

游戏 　和宝宝挑出几个问题，
　　　从书中寻找解答

阅读 　崔香淑
　　　《儿童好奇心大百科》

20:00

休闲 　嘟嘟是什么？

游戏 　让宝宝复习如何
　　　询问和创造解答

阅读 　马景贤《嘟嘟》

给爸妈的贴心建议

如何婉转地停止宝宝的"为什么"

面对两岁宝宝的语言爆发期堆叠出来的许多个"为什么"，爸妈必定极尽所能地回答宝宝的疑问，但总是有想要暂停一下、休息的时候，此时切忌不耐烦地要宝宝闭嘴、说出情绪性的负面语言。面对宝宝单纯的追问，爸妈可以轻描淡写地转移话题，假设宝宝问："为什么要吃饭？"爸妈就可以回答："因为肚子饿了，所以必须吃饭啊。"接着继续说："你饿了吗？我们来吃点点心。"以此转移宝宝的注意力，或带着宝宝外出散步，离开情境，就能稍微暂停宝宝的疑问了。

提升认知能力

借由宝宝的好奇心，
让宝宝能认识更多的东西

在宝宝的眼里，事物是由各种颜色、形状、大小不一的形体组成的，但是具体怎样区分却不了解，爸妈的任务是让宝宝通过观察和比较生活中的实物，教会他们这些概念，教给宝宝这些知识。

教导宝宝分辨大小与多少

宝宝在两岁左右时，爸妈就可以开始教宝宝分辨形状的大小，这里就要引用一个非常重要的观念：数学。

数学是研究现实世界的空间形式和数量关系的科学，并且具有抽象性、严谨性、逻辑性等特点。它是人类智能结构中最重要的基础能力之一，我们的生活从老到小都离不开数学。

对学龄前宝宝进行初步的数学教育，是十分必要的，这不仅能引起宝宝对数学知识和活动的兴趣，形成一些初步的概念，更重要的是能够促进宝宝思维的逻辑性、灵活性和敏捷性的发展。

而数学起源于生活的需要，但学习的过程却抽象又复杂，特别是对没有接受正式数学教学的学龄前宝宝来说，难以充分地了解。因此，教宝宝数学的理想方式，便是先从数的量上来学习比较大小、多寡，在日常生活中配合直接有形的操作，通过生活里的实际经验和生活密切结合，来达到促进宝宝理解的目的。

如果一个孩子不能分辨什么是小的、中的和大的，那么他们就不能在1、3、5之间分辨。很多家长在教宝宝认识大小时，都会采用直接灌输的方式，直接告诉宝宝某个大、某个小，然后让宝宝记住。表面上看来宝宝是知道了，实际上在他们的脑袋里却没有得到真正的理解。

"大和小"、"多和少"是两个相对的概念，是通过比较才能得出的，要让宝宝学会分辨它们。可以在家里做游戏，比如用一个大盒子和一个小盒子来比较谁大、谁小；用数数的方式来分辨两堆豆子，哪个多、哪个少等。

在宝宝的日常生活中，有很多可以拿来比较的东西，如宝宝的形体和父母的比起来，他小，父母大；穿的衣服和父母的比起来，他的小，父母的大；用的碗、汤匙比起来，他的小，父母的大，等等。

区分多和少最开始要用数数的方式来解决，爸妈可以教宝宝3以内的数位，告诉他们数值的大与小，再学会数数，自己来分辨哪个多、哪个少。

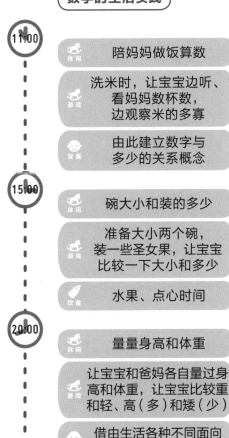

数学的生活实践

11:00

休闲　陪妈妈做饭算数

游戏　洗米时，让宝宝边听、看妈妈数杯数，边观察米的多寡

发展　由此建立数字与多少的关系概念

15:00

休闲　碗大小和装的多少

游戏　准备大小两个碗，装一些圣女果，让宝宝比较一下大小和多少

饮食　水果、点心时间

20:00

休闲　量量身高和体重

游戏　让宝宝和爸妈各自量过身高和体重，让宝宝比较重和轻、高（多）和矮（少）

发展　借由生活各种不同面向来了解比较概念

给爸妈的贴心建议

教导宝宝不可急于求成

由于宝宝在不同年纪里，所能理解、具备的概念不同，两岁宝宝便是因为还不具备抽象的概念，以致于无法如成人般立刻理解数学的算法。

如果爸妈一味地机械式地灌输数学知识，而忽视宝宝的年龄特征、思考特点，不仅难以收到好的学习效果，反而会引起宝宝对数学的恐惧和讨厌。

其实，让数学游戏丰富多彩，而把数、形、时间的概念渗透在宝宝的日常生活之中，寓教于乐，更能令宝宝在玩乐中增长知识、启迪智慧。

教宝宝数数要具备耐心

在人的一生当中，智力发展潜力最大的时期就在学前时期。这一时期既是宝宝智力发展最为迅速的时期，也是为宝宝今后发展打下基础的重要时期。

因此，许多家长汲汲营营宝宝的学前教育，在里面下了不少苦功，尤其是教导学前的宝宝学算数。

有很多不明白方法的家长在教宝宝数数的时候，总习惯以固定的、标准化的形式，将各类知识的答案强制灌输给宝宝，要求他们准确而充分地掌握这些固定的知识技能和行动方式。然而，在实际过程中，宝宝掌握知识的准确率往往不会太高。

于是，爸妈发现宝宝只是把数字的顺序背下来了，但是1、2、3具体是什么意思并不明白。例如，宝宝看似会熟练地从1数到10，可是却没办法按照要求取出5支笔。可见宝宝的知识似乎有了长进，但其实并没有搞清楚这些数字真正的含义，仅仅只是机械地记忆和背诵、重复地模仿而已，让爸妈十分沮丧。

宝宝的学习是从具体到半具体，最后才到抽象，因此最初是需要通过自己对世界的探究来获得新知识、新技能的，要经过经验来理解和记忆它们。数字概念也很难用语言直接教给孩子，必须要宝宝自己在心里形成概念。所以，将其和生活中的事物来做结合，用以教宝宝数数，会更有效果。

而当宝宝学会了背诵数位的顺序之后，就要以游戏的方式来对宝宝进行点数的训练，比如吃饼干的时候一块一块地给，每要一块都问他这是第几块，最后让宝宝说自己一共吃了几块；或是借由身体器官教宝宝数数，如有几个眼睛、几只耳朵，或者几只手指头、脚趾头等。

坊间也有很多针对幼儿阶段数学学习的图画书，爸妈也可以买一些宝宝喜欢的来帮助学习数数，图画书中图文并茂，有很多可爱的小动物、小孩子和有趣的故事，能引起宝宝对数学的兴趣，爸妈可以在和宝宝一起阅读的过程中，不知不觉让其完成对数数的学习。

教导宝宝认识形状

教导宝宝数数做为数学基础第一步的同时，爸妈也可以开始尝试教宝宝认识一些基本的形状。

值得注意的是，在教导的过程中，爸妈对于形状的特点描述需要是正确的，以避免宝宝将错误知识铭记在心，影响日后对于形状的判定；并且是以平面图型作为一开始的认识基础，最好是使用实际的东西做比喻，以加强宝宝对形状的认知。例如，像三明治的三角形、跟门或书本一样形状的长方形、和钱币或车子轮胎一样的圆形、和椅子坐垫一样的正方形，等等。等宝宝越来越熟悉后，就能再加入如椭圆形、六角形、五角形、菱形、平行四边形等难度更高的形状。

而除了平面的基本图形概念外，爸妈也可视宝宝的情况适时加入一些立体图形的概念，如跟铝质饮料罐一样的圆柱体、像橘子的球体、和饼干盒一样的立方体、跟警告时使用的橘色三角锥一样的圆椎体等，为宝宝建立立体的空间概念。

等宝宝的形状概念融合种类较多、熟悉程度更高，爸妈可以开始不分场所地和宝宝进行比赛，让宝宝从环境里尽可能多地搜罗几个形状相同的一类物品，借以练习宝宝辨识相同特质的能力，提升宝宝对形状认识的兴趣和积极的动力。

宝宝的日常数数训练

09:30

休闲　有几辆车？

游戏　选定一个地点让宝宝观察经过的车辆，在一段特定时间内数数看经过了几辆

益智　练习宝宝对数字顺序和颜色的辨认

15:00

休闲　兔子跳跳

游戏　让宝宝模拟兔子的样子，和爸妈一起边跳到设定的目的地边数数

饮食　适量补充水分

20:00

休闲　认识手指名称和数量

游戏　念诵"大拇哥，二拇弟，三中娘，四小弟，五小妞妞爱看戏。手心手背，心肝宝贝"手指谣

益智　由念诵童谣来记忆数字顺序、数量和手指名称

给爸妈的贴心建议

宝宝数数不必特意空出时间

其实数学在生活中随处可见，爸妈也不一定要特意列出一个专门的时间，要求宝宝为了达成单一目的性而练习数数。因为宝宝的注意力持续时间较短，因此爸妈可以抓紧利用零碎的时间来教宝宝，如搭公车时，和宝宝一起数经过的站牌，或是过马路时算算走了几步等，以这样的方式也能轻松达到增强数学能力的目的。

如何教导宝宝认识颜色、季节

视觉是人成熟最晚、发展最慢的一种感觉，至少要到一岁才能发育完全。而当宝宝的视觉发展逐渐成熟，便开始对五彩缤纷的颜色感到高度的兴趣，其实这就是认识颜色的开始。

带宝宝认识颜色，并不单纯只是让宝宝能准确说出正确的色彩名称，更是通过各种方式来刺激宝宝的颜色视觉辨识能力，培养敏锐的色彩感觉、增强对色彩的兴趣和想像，这对宝宝的智力发展、想象力和培养绘画兴趣都大有助益。

教宝宝认识颜色最好从认识身边的事物开始，而且要从简单的单色认起，为了吸引宝宝的兴趣，爸妈能够先从宝宝喜欢的颜色或明亮鲜艳的颜色作为认识的起点。

最普遍有效的方法是，以颜色记忆颜色。比如要认识红色，爸妈可以用红苹果的颜色作为原型，要宝宝对比找出家里其他的红色物品，如红花、红衣服、红袜子、红玩偶、红积木等，不仅能教宝宝认识颜色，而且还训练了宝宝的观察力与辨别能力。

爸妈还可以通过涂水彩原料，来让宝宝认识色彩的变化，通过红黄蓝三原色的互相重叠、颜料的多寡，会出现很多种其他颜色，让宝宝认识到它们之间的变化，这对宝宝的色彩认知有很大的帮助。等宝宝熟悉单个颜色之后，再逐渐教导他们认识两种、三种原色拼在一起的颜色，如粉红色、灰色、浅蓝色、咖啡色等。

在日常的生活对话中，爸妈也要尽可能地为每个物品加入颜色描述来提示宝宝，如黄花、小白兔等，不仅可以增加宝宝词汇的累积，也重复加深了宝宝对颜色的认识。

而一年的四季感受最明显的应该是温度和衣着的变化，要让宝宝认识季节，首先让他们了解春夏秋冬四季的顺序，然后对宝宝说明每个季节的特性，如衣着、天气状况有什么不同，或人们大概会有什么样的特殊活动。爸妈也可以拿出宝宝的相册，找出每个季节拍摄的照片，让宝宝来猜猜看哪一张是在什么季节拍摄的。

还是要以事项顺序询问宝宝

二到三岁的宝宝，已经有了"时间"和"先后次序"的概念萌芽，但即使宝宝能够在对话中开始使用时间、距离或数目这些类型的词汇，事实上对这些概念的认知却还没有真正发展成熟。例如"现在已经一点半了"、"再开15分钟就会到家"、"再过5分钟你就要准备上床睡觉"、"玩积木已经玩了1个小时"这些句子对于现阶段的宝宝是模糊又难以理解的。

此时爸爸妈妈如果要确认宝宝言谈中真正想要表达的意思，或要让宝宝了解关于数目、时间、距离这些类型的问题，就要利用宝宝按日常活动顺序来记忆的特性，将这些问题与宝宝每天进行的事项顺序连接在一起。例如，想问宝宝"什么时候"摔倒了？就可以以询问睡觉前、上学前、吃完早餐以后、看完卡通、到公园玩时、洗澡的时候、爸爸下班回家时等方式来区别时间，才能够顺利得到想要的答案。

而宝宝要能够正确地以时间来回答相关的问题，就要等到六岁左右，相关能力才会成熟。

宝宝认识颜色的生活应用

09:30

休闲 到公园去吧

游戏 妈妈在环境中随意指定物品，让宝宝说出是什么颜色

益智 训练宝宝的颜色辨识

14:00

休闲 叠色变化

游戏 妈妈准备几张有色玻璃纸，向宝宝演示重叠后的颜色变化

益智 让宝宝观察叠色对颜色造成的变化效果

16:00

休闲 在花丛间比赛

游戏 跟宝宝比赛寻找特定颜色的花朵

益智 训练宝宝观察力及手眼协调能力，提高宝宝的积极性

给爸妈的贴心建议

让宝宝学唱季节童谣

让宝宝认识四季，除了先背诵顺序，还能从押韵的童谣歌词里学到季节特色，如《春神来了》中提到的梅花和黄莺；《西风的话》里提到的棉袍、红叶，还可顺道从荷花、莲蓬，了解到夏天里有荷花盛开。

◎春天——春神来了
春神来了，怎知道？梅花黄莺报到。
梅花开头先含笑，黄莺接着唱新调。
欢迎春神试身手，快把世界来改造。
◎秋天——西风的话
去年我回去，你们刚穿新棉袍。
今年我来看你们，你们变胖又变高。
你们可记得，池里荷花变莲蓬。
花少不愁没有颜色，我把树叶都染红。

Part 2
宝宝的健康
让宝宝多运动，才能远离疾病

锻炼使宝宝健康

运动帮助宝宝完善手眼协调、协作和配合能力

调查显示，喜爱运动的宝宝性格容易变得开朗、身体素质好，并且身体动作会更协调，运动神经也发育得更好。

陪宝宝练习抛球、接球

这个阶段的宝宝能力迅速发展，特别好动，对运动的要求是训练宝宝的眼手协调、配合能力，上肢与下肢的协作能力，低坡度的攀爬能力、耐力、爆发力等。首先可以从球类运动开始。

为训练宝宝的手掌抓握能力，以及眼、脑、手的协调能力和腿部肌力，爸妈可以帮宝宝准备和手掌差不多大的软皮球，在家里练习以下动作：

1. 爸妈和宝宝相对劈开腿而坐，爸妈慢慢地把球滚向宝宝，再让宝宝把它滚回来。在游戏过程中，爸妈可以配合球的滚动发出一些音效，如："咻～球来了唷"，以提高宝宝对游戏的兴趣。

2. 在户外的空地上，爸妈把手上的皮球轻轻抛到地上，让宝宝等皮球弹起来后跑过去接住球，再让他抛回来。这个活动可以让宝宝练习动态视力及手眼协调能力，并借由跑过去捡球和下蹲的动作，增强宝宝的腿部力量。

3. 在户外的草地上，爸妈和宝宝相对而站，高高抛起皮球，让宝宝尝试去接，测试距离由近到远，运动量逐渐增加。这个训练除了增进宝宝的手眼协调和腿部能力外，还能训练宝宝动脑练习预算球的落地点的能力。

为了增加宝宝运动的积极性和趣味性，也可以让宝宝和宠物狗玩宝宝抛球，由狗捡回来的游戏。

实际大小可依需求加减报纸张数

| 自制软球 | = | 报纸球一颗 | + | 胶带包裹 |

给爸妈的贴心建议

帮宝宝挑选合适的球

刚开始与宝宝练习球类活动时，应选择材质较软的皮球，而避免使用材质粗硬的球，如篮球、躲避球等橡胶材质的球，这类硬球玩的时候可能会造成宝宝扭伤关节或挫伤。另外，皮球的气也不要打得太足，轻轻的适度碰撞可培养宝宝的避险能力。

教宝宝越过障碍物

训练宝宝越过障碍物，有助于刺激宝宝脑部的发育，确立方向感、空间感，训练宝宝灵活使用四肢，还能锻炼他们沉着冷静的处事方式，培养坚毅的品质。障碍训练主要分为横向障碍和竖向障碍训练。

横向障碍训练最好选在户外进行。例如，在有些公园的路上有许多高低不平的石墩，让宝宝学会跨过这些石墩，或者踏上去再跳下来，可以让宝宝练习良好的平衡感，增进身体重心的协调能力。爸妈可以配合宝宝的蹦跳发出赞赏或音效，并掌握运动量，累了就即时让宝宝稍微休息一下。

而竖向障碍训练，则可以带着宝宝去爬一些比较低缓的山坡，让宝宝踩着石头、抓着小草或者树根往上爬。这样可以训练宝宝坚韧的意志力、练习视觉对距离的测量判断力，并且让四肢更灵活、肌肉更结实。

还有一种针对幼儿的攀岩游戏，是让宝宝身上绑着安全带在塑胶"山岩"上攀爬，能够训练宝宝克服困难的勇气与自信心、伸展四肢、刺激大脑学习力，并能提升专注力、手脚抓握能力、体能、平衡感和手眼协调能力。不过在进行户外锻炼的时候，一定要注意宝宝的体力及身体状况，及时补充水分和营养点心，让宝宝体力更充足，并且安全地乐在其中。

雨天的居家障碍训练

宝宝这个阶段正值活动力旺盛、认知能力大幅增强的黄金时期，尤其适合培养宝宝的平衡感和四肢的协调控制运用，并从运动中给予脑部刺激、促进发育，但如果不巧遇上连续几天大雨或者气温过高无法外出，难道爸爸妈妈要因此就放弃和宝宝的亲子运动时光吗？

平日宝宝的横向障碍训练，爸爸妈妈可以选择到社区中庭或是居家附近的公园、专为宝宝们开设的儿童运动馆等场所，利用场地本身就已设置的游乐设施如儿童攀爬网，或花圃边的高低起伏来实行，又或者是和宝宝在较空旷的地方玩互相踩影子的游戏，也能从中获得训练宝宝腿部肌肉和运动反射神经的效果。

局限于天气只能在家时，爸爸妈妈则可以利用家里高低不一的桌椅排列成高低起伏，还可以加上枕头变换高度，再铺上厚一点的棉被，并且在周围仔细放置软垫预防摔伤，也能够让宝宝直接在家享受攀爬和往上跳、往下跳的乐趣。

抑或是将宝宝的塑胶圆球以较大间隔的方式散落在地上，刚开始先让宝宝使用跨越的方式通过球体的障碍到达另一端，反复几次来熟悉游戏方法；接着再视宝宝实际情况让宝宝改用接连不断的S型跑步方法，左右转弯穿越球体之间；最后再改成让宝宝用跳跃的方式跳过球体障碍，并且可以在宝宝越来越熟练后缩短球体与球体之间的间隔距离。如此一来，就算不外出也能轻松达成宝宝障碍训练的目的，并借由这样的活动培养宝宝良好的平衡感、促进肌肉发育、重心控制以及视觉对距离的测量判断。

实际运动的难度请依宝宝能力增减

运动 ＝ 肌肉骨骼发育完备 X 加快发育速度

给爸妈的贴心建议

培养宝宝的反射动作

障碍训练除了能够训练宝宝的平衡感和立体空间感、增进宝宝意志力和大脑发展，还能防范日常生活中的潜在危险，养成宝宝的反射动作，避免跌倒或撞伤，让宝宝可以适当地保护自己，学会掌控环境、解决困难障碍，避免不少潜在的危机，可以更容易做到像是跨越水沟或越过高地等情形。

利用物品教宝宝练习钻洞

让宝宝进行钻洞游戏，能够借由跪地爬行、匍匐前进等进入山洞的方式来训练宝宝四肢协作、手肘与膝盖关节的灵活运用和平衡感，以及借由身体碰触到边界的经验让宝宝体验、熟悉立体空间感。

想在家里练习钻洞有很多方法可以尝试：让宝宝从饭桌的一头钻到另一头，可视情况在终点或起点加入几把椅子，但要多注意，不要让宝宝将头猛然抬起以免撞到头部；或者打开装大型电器包装纸箱的顶部和底部，让宝宝从两头钻过；在家里还可以让大人弓着身子，呈拱桥型列成一排，让宝宝穿过，每过一个"洞"就说一句赞扬宝宝的话以增加宝宝的兴致。

若是宝宝在钻洞练习的一开始就显得犹豫或有些害怕，爸妈可以试着在另一端给宝宝放上喜欢的娃娃或玩具，借以引诱宝宝钻过去拿取，以达到练习的目的。

此外，在游乐园和社区游乐场里，也经常有提供给宝宝钻洞的设施，比如小滑梯，两边是小台阶和滑梯，中间就是一截通道，这种游乐的组合设置也会提高宝宝的兴趣。

还有一种长长的流线型通道，里面比较黑暗，让宝宝几个同龄人手拉手进去，再互相协助走出来，能够帮助宝宝克服对未知及黑暗的恐惧，刺激宝宝挑战与冒险的精神，还能和其他宝宝建立起友好的合作关系。

荡秋千能帮宝宝发展平衡感

公园里经常有一些常见的游乐设施，承载着爸爸妈妈小时候的欢快童年时光，至今也仍在宝宝间受到欢迎，荡秋千就是其中一项。

忽高忽低、迎面就能感觉风的吹拂，荡秋千的刺激魅力历久弥新，爸妈也乐于让宝宝荡秋千来消耗过剩的精力，还能通过荡秋千刺激前庭觉，帮助宝宝发展平衡感，但爸妈知道荡秋千藏有该注意的细节吗？

不同年龄的宝宝适合的秋千也不相同。零到两岁的宝宝，应选择可环绕身体的马鞍式荡秋千；二到五岁的宝宝则要选择轮胎压缩后横向吊挂的块状座位；五到十二岁的大孩子才可以荡普遍见到的一片式秋千。

材质上应该选择轮胎皮或胶皮制成的秋千椅，比较安全以避免打伤宝宝；链条也应该要有塑胶管包住，以免卡住手指。

此外，秋千的周围要铺设软地板，并且不能有其他的游乐设施，以免在荡秋千的摆荡过程中，伤害到其他游乐的宝宝们。

宝宝玩荡秋千通常都需要爸妈协助推动，一开始可以选择先站在宝宝前方轻轻推动，借此观察宝宝摆荡时的表情，推断接受程度。如果宝宝显得害怕，便应该减小幅度；若是开心，则可以试着再荡高一些。等宝宝逐渐熟悉荡秋千的摆荡活动后，爸妈再改为站在宝宝后方推动。

实际长度可依需求增加纸箱个数

延长山洞 ＝ 大型纸箱数个 ＋ 胶带接合

给爸妈的贴心建议

与社区的同伴一起玩"城门城门几丈高"吧！

1. 分成两小组，一组站成面对面的平行线，两个伙伴牵住双手往上拱起形成"城门"。

2. 另一组排成一列钻"城门"。

3. 游戏开始时唱道："城门城门几丈高，三十六丈高，骑大马，带把刀，走进城门滑一跤。"结束时城门就要迅速把手放下，套住正钻城门的人。

4. 被套住的要接上当城门，直到最后一个孩子被套住游戏才结束。

多鼓励宝宝学跳远

跳远需要短暂地离地，可以训练宝宝腿部的弹跳能力、身体协调能力等。跳远也能够促进骨骼的发育，是宝宝长高的运动游戏首选，在冬天时还能达到热身、保暖的作用。

学习跳远之前，应该让宝宝练习原地上下跳，训练腿部的弹跳力和跳起后身体的平衡能力。再教宝宝手臂和双腿的配合动作，两手自然甩臂、双腿微屈，身体微微向前倾，调整好身体的重心。在跳跃的一霎那，双臂奋力地向后摆，双腿并拢腾空，尽量让自己的身体舒展，练习良好的双臂带动起跳动作才能跳得更远。

并且注意落地时要以双腿分开、膝盖弯曲来进行落地动作，除了避免宝宝后脑勺着地外，还能让宝宝感觉身体做不同动作的感觉差异。有的宝宝缺乏平衡感，向后摔倒的时候感觉不到方向，才会以脑袋着地，这是非常危险的。宝宝的跳远训练应该和平衡感训练同步，才能全方位地保护他的安全。

跳远时还可以利用不同的材料，如胶带或绳子，将其黏贴在地板上作为起点线，然后设立宝宝练习的起跳动作，如单脚跨跳或双脚一起跳，让宝宝尝试不同型态的跳跃方式，为练习添加不同的乐趣。

此外，不要让宝宝在硬石板路上练习跳远，最好在沙地或者操场上的塑胶地等较软的地方练习，以免落地时伤到脚。

训练宝宝走斜坡

除了让这时期的宝宝抛接球、滚球，障碍训练，荡秋千，学习穿越洞穴和跳远等练习，爸妈还可以训练宝宝尝试走小幅度的斜坡，促进小腿肌的控制能力，并且还能够促进发展大动作、控制重心和平衡感的能力。

首先，爸爸妈妈可以从居家附近的公园或草地中，先选定一处有较缓坡度的坡地，或者在家准备一块宽40~45厘米、1

米长的厚木板，将一端用棉被垫高10厘米左右，简易做成家里的斜坡，倾斜程度约15度即可，就能让宝宝先从上斜坡开始练习。

开始时爸妈要先走在宝宝前头，拉着宝宝的双手以协助宝宝能够克服坡度往上走；反复几次后，待宝宝的上坡技巧已经熟练，就可以更换位子到宝宝身后，视宝宝实际情况，只在宝宝有需要的时候轻轻推动或扶持他前进。

接着是练习下斜坡。刚开始时爸妈要站在宝宝身后，将双手往下放在宝宝胸前作为安全保护支架，以免宝宝一开始还没掌握技巧，容易往下滑，再鼓励宝宝扶着爸妈的手慢慢走下斜坡。等宝宝的上坡技巧成熟后，可以再尝试让宝宝独立自己下斜坡。

爸妈也可以考虑在宝宝成功克服独自上、下斜坡后，让宝宝双手拿着小玩具，增加一点难度，能更进一步锻炼宝宝的腿部肌肉。

宝宝此时比较容易能做到跨跳跳远

跳远距离 ＝ 双臂起跳 X 膝盖微蹲

给爸妈的贴心建议

雨天的跳远练习

只能在户内进行跳远时，爸妈可为宝宝准备不同颜色或标有数字、英文字母等识别的塑胶地垫，固定在地板上，让宝宝进行跳格子或连续排列的跳远练习。

刚开始练习时，地垫的间距不要太大，等宝宝能够掌握技巧后，再慢慢加大地垫的距离，或请宝宝按顺序跳跃。除了训练宝宝跳跃的能力外，还能教宝宝认识数字或英文。

手脑并用

宝宝拥有
一双巧手

幼儿玩具能寓教于乐，
训练手指灵活、开发智力

两岁到两岁半的宝宝手指灵活度已经很强，要开始培养宝宝手指活动与大脑思维的和谐统一，激发宝宝的创造力。

教宝宝拼砌乐高玩具

乐高是世界著名的儿童益智玩具，来自于丹麦语"leg godt"，指"play well（玩得好、好好地玩吧）"，伴随无数儿童的成长。它设计精美且富变化性，色彩多变，极力宣导学习和玩耍要同时进行的理念，把对儿童的智力开发和玩耍巧妙、彻底地结合起来。

针对一到三岁宝宝开发的乐高玩具是德宝系列，此系列是一种大型积木，颗粒比普通的乐高大，由较软合成塑胶制成，安全无毒，大小合适、不容易被误吞，且边角圆滑不易刮伤，组装与拆卸也比较容易，非常适合宝宝的小手。

除了宝宝　开始就容易成功上手的直立系统式建筑物，宝宝还可以按照乐高组合内附的教学说明来拼各种汽车、机器人、船舶、军人等多元物件，或者也可以按照自己的想象来拼建出各种模型，同时也促进了模拟样态及观察能力的发展。

乐高玩具是专门为儿童开发的，它不仅能够培养宝宝眼睛和手的协调能力、激发想象力、刺激大脑运作以促进智力发展，而且还能让宝宝熟悉形状的运用、训练宝宝小肌肉发展和专注力。不仅如此，乐高玩具还有拆卸、清洗方便，以及趣味性强的特性，有了这个玩具，宝宝可以专注地玩好长一段时间，爸爸妈妈也能乐见其成。除了乐高玩具，其他拼堆玩具，如多米诺骨牌，也能够培养宝宝的专注力、思维能力和手脑配合能力，非常有益于开发宝宝的智力。

由爸妈做出作品，让宝宝先学着模仿

刚接触乐高 ＝ 爸妈引导 Ｘ 宝宝模仿

给爸妈的贴心建议

玩出语言和社交能力

宝宝在玩乐高的重复拔开和组装过程中，除了能够练习在脑里建构蓝图，还能够因此发展语言能力和社交技巧。如宝宝会在建造过程中一边讲出小脑袋里发展的故事，以此重复练习宝宝在语言上的使用；玩乐高这类数量多的物品，也能够促使宝宝分享给别人，并逐步学会解决人际协调的问题。

爸妈应和宝宝一起玩积木

现代社会特别重视婴幼儿的早期教育，因为了解到三岁以前是大脑的发育黄金期，不少爸妈对之趋之若鹜，想搭上这趟"黄金列车"。

积木是宝宝童年不可缺少的玩具，不仅仅好玩，还能对宝宝的身心发育有全方位的好处，安静地在家里玩就能够达到全脑开发的作用。

在宝宝的世界里，积木可以搭建现实生活中所有的场景和人物，能够建立起他自己的小小王国，这对激发宝宝的创造力、想象力有非常大的作用。并且，在宝宝玩积木的过程中可以逐渐"习惯细心"以及"培养持续力"，用感官来探索、观察这个世界，并且激发他们的创造力与建构力，同时也让宝宝逐渐确立个人意识，对自己与外界的联系有初步的认识。

积木一般都有教学的图纸，宝宝初次玩耍的时候，还不清楚里面的长方体、正方体、圆柱体、圆锥体、半球形等不同形状的特点，爸妈可以在旁边给予宝宝适当的指点，但要尽量多让宝宝自己去琢磨、尝试。

宝宝的"创作"一般都从模仿开始，平时多教宝宝观察生活中的各种房子、汽车、家具等物体的构造，学习将复杂的形体区分成几个简单的形体。并且在宝宝"创作"的时候，爸妈要把握机会，看情况和宝宝做些简单的交流，帮助宝宝搭建一些难度比较高的部分。

各式各样的特殊积木类型

积木对宝宝来说好处多多，市面上更是看准了宝宝早期教育的商机，除了一般了解到的实心立方体、长方体或圆锥体等堆叠式积木，或是经由嵌接组合的乐高积木，还出现了更多跳脱规则限制，形状、材质各不相同的积木组合，让宝宝在各种不同样态的积木间激发更多乐趣。

例如泡棉材质的软积木，在表面上做有凸点设计，搭配了鲜艳色彩，可以促进宝宝感官统合，给予触觉及视觉刺激，因为其材质的关系也能给宝宝作为洗澡玩具搭配使用。也有能帮助宝宝辨识形状分类的积木，在积木中央有个能让宝宝伸用穿越轴的洞，能任意将积木串在各个基座上。

又或者是在积木中镶嵌了磁铁的磁力式积木，有三角形或正方形的片状、棒状、乐高型等多种形状，利用磁力相吸或相斥的原理来组合，其中除了刺激宝宝的创造力，还包括了进阶的建构立体空间概念，使用这类型的积木建构立体空间将更加容易。

其他特殊形状积木，例如FADY建构积木，拥有更多不同的造型，如田字板、H型或A型积木及可任意构筑积木在上头的轮子等，比起一般积木来说，需要更多关于空间的概念和想象力，适合接触积木已有一段时间的宝宝。抑或是喇叭水管形积木，由轮子、吹口、喇叭和T字、十字、L型及直线水管形积木的组合，能够任意组出迷宫路径或乐器等各种组合，玩法相当多变。

学玩积木由直线往上堆叠开始起步

积木 ＝ 组合能力 X 创造能力

给爸妈的贴心建议

如何选择适合宝宝的积木

现在的积木种类琳琅满目，从传统的原色木头到精巧的乐高组合，有许多颜色、形状、质料，各有特色。但其实哪种都好，只要爸妈为宝宝选购的是适合宝宝年龄、制造良好、安全无毒的积木，不要太过复杂，避免宝宝产生挫折感、失去兴趣；并且具有开放性高的特点，能让宝宝自由发挥创意，尝试不同的挑战。

宝宝变身小画家

两岁半左右的宝宝动手能力又得到了进一步的加强，在训练对色彩的认知之后，宝宝对画画的兴趣也强烈起来，从一开始以垂直或水平线的方式涂鸦，到会喜欢模仿着画一些简单的图案和线条、轻松画出一个大圆，发展精细动作、感受色彩与形状的魅力。

宝宝对画画的热爱就像图画书《阿罗有枝彩色笔》里的阿罗那样，要用自己的笔画出一个丰富多彩的世界。只是当很多爸妈发现宝宝喜欢涂鸦时，总想主动教宝宝怎样画出仿真、具体的图画，但是对宝宝来说，不仅因为心里对物品的认知和大人的不同，其智力发展与小肌肉的控制也不如成人细腻，过早训练宝宝画图会令宝宝对画画的期待感消失。

因此爸妈应该要充分满足宝宝的需要，让他们随意发挥自己的想象力涂鸦，尽量表现与宝宝在画上的互动和赞美，增强宝宝的兴趣与自豪感。

家中可以准备小黑板、图画纸、蜡笔等绘画工具，让宝宝学习画画。宝宝要是有完成的作品，还可以制成画框或者相夹摆在家里。对于有画画天分的宝宝，爸妈要多让宝宝见识新奇的事物，多和大自然接触，让宝宝感受山、水、鸟、虫等一切自然景、物。这些景、物的外形和色彩对激发宝宝的绘画天分有很大的帮助。

引导宝宝一起读《阿罗有枝彩色笔》

阿罗是作者克拉格特·强森于1955年创作的一个迷人角色，系列绘本共有三本：《阿罗有枝彩色笔》《阿罗的童话国》《阿罗房间要挂画》。以宝宝的逻辑思考角度去呈现所看和所想，精巧地掌握了宝宝的单纯性。

书里的画面统一使用简单俐落的干净线条，让一个永远穿着水蓝色连身睡衣的小光头阿罗，带着他的紫色蜡笔，带领阅读故事的宝宝一起去创造、经历充满魔法和冒险的惊喜欢乐旅程。比如在月光下散步、遇见恶龙、在大海中航行、吃了九种不同的水果派、乘坐气球、去拜访国王、遇见仙子，等等。尽情地在想象世界里旅行、创建想象中的真实世界，体验各种不可能的事，让宝宝看见想象的神奇力量，并且让宝宝在现实与想象的世界中学会找到转换的关键。

而在故事中，阿罗总是表现出勇于尝试的好奇心，虽然蜡笔为阿罗制造险境，却同时也带领着阿罗解决难题，每回遇上麻烦时总是能够随机应变，能够

鼓励宝宝学会勇于尝试、解决问题，成为他们学习的榜样。

爸爸妈妈可以借由书里阿罗逐步创作的画面，让宝宝跟着阿罗一起绘画出属于宝宝自己的月光散步小径、不同的船只、形状大小自由的气球或各种形象不同的国王，进而创造宝宝自己的阿罗故事绘本，鼓励宝宝尽情发挥想象力，体现提升宝宝创造力的目标。爸爸妈妈也能从宝宝的画中观察出宝宝心中的真实情感和愿望。

画画也是宝宝表现自我的一种方式

宝宝涂鸦 ＝ 个人意义 × 表现心理情绪

给爸妈的贴心建议

适合两岁半宝宝的画画工具

1. 蜡笔：容易握在手里，适合宝宝在纸上涂鸦、训练抓握及手眼协调能力。

2. 油画棒：色彩鲜艳，质地均匀，色彩有复古的感觉。

3. 水彩笔：水彩笔的笔尖比较细，适合为图画上色。

4. 粉笔：可以在户外的地上、石头上画画，但要注意粉尘污染，用过后要洗手。

5. 彩色铅笔：彩色铅笔笔触更加细腻，适合有一定绘画基础的宝宝，笔芯颜色较淡。

健康生长

注意宝宝的食品安全

在生长发育阶段需要均衡的营养和充足营养素

> 两岁半之后的宝宝食物选择开始多样化，生长所需的营养素也在增加，爸妈要严格把关食物质量，才能让宝宝吃得健康，快乐成长。

应为宝宝注意哪些方面的食品安全？

饮食健康是宝宝健康成长的必要条件，给宝宝最好、最安全的营养，是每个爸妈的愿望。因此，生活中有许多值得注意的小细节，爸妈一定要留心并加以重视。

餐具健康：有些不合格的餐具中含铅量比较高，宝宝使用之后会引起铅中毒，所以爸妈一定要帮宝宝选择安全环保的餐具，而且要尽量减少在外面餐厅吃饭的概率。

少吃零食：宝宝喜欢的零食里面一般都含有过多的添加物，如化学调味剂、防腐剂、人工色素、咖啡因等有害物质，容易造成宝宝专注力下降，出现过动倾向；奶油、油炸食品则含有过高的脂肪和热量，营养流失大且不易消化；有的糖分和盐分含量也超标，长期食用会让宝宝食欲下降，食不知味，并且隐含往后容易罹患肥胖、糖尿病、高血压的风险，十分不利于宝宝的成长。

进食安全：不要给宝宝吃有外壳的瓜子、胡豆、坚果等，宝宝不会磕这些外壳坚硬的食物，并且不易嚼碎，而且果实和外壳很可能划破宝宝的嘴巴或者卡住喉咙。在吃鱼、螃蟹等有刺和硬壳的食物时也要注意，要仔细帮助宝宝去掉这些食物的外壳。

食物中毒：父母要保证食物的新鲜，注意制造日期，这样才比较安全和卫生，营养也不会过多流失；买回家的蔬菜水果要清洗干净，避免农药残留；没吃完的饭菜要及时放进冰箱保存。

精致饮食会造成热量过剩且营养不均衡

优质宝宝食物 ＝ 原型食物 Ｘ 简单调味

给爸妈的贴心建议

怎样处理宝宝食物中毒？

如果宝宝吃完食物后，短时间内出现恶心、呕吐、腹泻、腹痛等症状，说明宝宝有可能是食物中毒，需要做以下紧急措施：

1. 保留剩下的食物或宝宝的呕吐物，并让宝宝喝下大量的温水，冲淡食物浓度。

2. 再利用手边的东西如筷子或手指直接刺激宝宝的咽喉壁，让宝宝吐出食物。

3. 联系医生，做进一步的观察治疗。

如何安排宝宝每日食物?

身体健康是宝宝成长的基础,而饮食便是保证宝宝身体健康发育的重点。因此,如何为宝宝提供适当而健康的食谱、安排宝宝每天进食的内容,就成了爸妈应该掌握的课题。

两到三岁的宝宝,体重增长开始减慢,但因活动量及脑活动增加,所需的热量相对也提高,并且已经能够掌握良好的咀嚼技巧,饮食渐渐有自己的喜好,能更充分地掌握自己对食物的感觉。正因如此,爸妈更应为宝宝准备均衡的营养、丰富的饮食,谨守"少油、少盐、少糖、少加工"的饮食原则,还要合理安排吃饭的规律时间和进餐的次数。

这时期的宝宝每天除正常三餐外,还需补充一至两餐点心,以维持每天所需的1350卡热量,并且每日进食的营养素应总共为:主食100~200克,豆制品15~25克,肉、蛋50~75克,蔬菜100~150克,牛奶250~500毫升,还要再加上适量的水果。

爸妈要合理地将应吃的营养素分配至三餐食谱内,为宝宝提供充足的热量和营养,保证宝宝在发育的关键时期获得营养的充分保障,但也不能让宝宝过度摄取。

此外,在餐与餐之间为宝宝提供的点心并非零食,应尽可能要包含谷类、蔬果和蛋奶三大营养素,而且要在餐前2小时提供,以不影响宝宝正餐的食欲为原则。

详细替宝宝挑选食材

爸妈除了注意宝宝每日的营养需从六大类食物中均衡摄取,还必须要特别注重如何替宝宝挑选这些食材的种类及来源,并且注意标示、外观和有效日期,还要妥善储存与烹调食物,才能使宝宝吃得更加健康。

首先,以米饭或全谷根茎类为主的三餐主食,其中应该要替宝宝安排混有三分之一为糙米、全麦或杂粮等未精制全谷类,因为未精制全谷类含有更丰富的维生素、矿物质及膳食纤维,能够让宝宝的营养更全面。

接着是作为各种维生素、矿物质及纤维主要来源的蔬菜及水果。在蔬菜的选择上应该以含有更丰富营养素的深色蔬菜为主，其次才是采用浅色蔬菜来烹煮；水果则可尽量挑选适合宝宝牙口并富含维生素C的水果，如芭乐、狝猴桃、草莓、香蕉、菠萝、柑橘类水果等，值得注意的是，爸妈不能以果汁来代替水果。并且给宝宝喝果汁要适量，一天最好不要超过240毫升，喝的时候加一些水以减少糖分摄取。

至于经常被忽略但其实最为重要的油品，两至三岁的宝宝每天应该摄入三小匙，爸妈应该多采用橄榄油、葵瓜子油等植物性油脂，来增加提供宝宝生长发育所需的必需脂肪酸。

两岁半到三岁宝宝的食谱

时　间	食　物
早上 7 点	牛奶 250 毫升，水煮蛋 1 个或小蛋糕 1 个
上午 10 点	全麦面包 2 片、苹果 1 个，或 1 碗粥
中午 12 点	米饭 1 小碗，素菜、荤菜各 50 克，蔬菜汤 1 小碗
下午 3 点	优酪乳 150 毫升，小面包或面食适量
晚上 7 点	米饭 50 克，肉圆、蔬菜各适量，香蕉 1 根

给爸妈的贴心建议

应该要让宝宝养成喝水的习惯

宝宝开始增加摄取副食品、减少喝奶的时候，爸妈们应该就要开始为其养成喝水的习惯、多观察宝宝的表现情况，以免造成宝宝水分摄取不足，造成脱水。

要为宝宝养成自动喝水的习惯，爸妈可以为宝宝买喜欢的水杯，放在宝宝随手可及的地方，并且要以身作则，提醒宝宝喝水的同时也一起喝水，而不应该以汽水、果汁等含糖分的饮料作为替代品，以免造成蛀牙、腹痛、过胖等后遗症。

让宝宝有一双明亮的眼睛

眼睛是人体最早发展成熟的器官，为了确保宝宝眼睛的正常发展，建议爸爸妈妈在宝宝两至三岁时就要看第一次眼科门诊，并养成之后每半年至一年定期检查一次的好习惯。

除此之外，要多注意宝宝用眼时间，包括阅读、看电视或高分辨率的屏幕，都需要适当的距离、亮度，每周假日时也要花一小时带宝宝到户外走动，以达到眼部肌肉放松的效果，减少宝宝近视的概率。

而针对饮食方面的摄取来说，要保护宝宝的视力，各种营养素都不可缺少。充足的营养可以减缓视觉疲劳，母乳中的DHA可预防近视，其他营养素也必不可少。

1. 蛋白质是视力发育的基础。眼睛的正常功能、组织的更新都需要蛋白质，否则就会引起眼睛的功能衰退、视力下降，发生各种眼疾。蛋白质可以从肉类、奶类、蛋类等食物中摄取。

2. 维生素A能够维护视觉的正常，对保护视力有关键的作用。它主要存在动物的肝脏、奶类和蛋类，以及富含胡萝卜素的蔬菜与水果中。

3. 维生素B_1是视觉神经营养素，缺乏时会产生眼睛疲劳的症状。壳皮、小麦、豆类等粗粮中富含维生素B_1，动物的内脏、瘦肉、坚果也含有丰富的维生素B_1。

所以爸妈千万不要让宝宝挑食，缺乏这些营养素，容易影响视力发育，对将来学习和工作产生不良影响。

鱼油、鱼肝油要分清

鱼油和鱼肝油之间相差只有一个字，来源和成分效果却相差很多，有心想为宝宝补充营养的爸妈应该要特别留心。

鱼油主要是从鱼的脂肪组织中萃取的，含有DHA及EPA，被许多爸妈视为健脑圣品。对眼睛视力及脑细胞发育有正面助益，可改善记忆力减退、专注力不足、提升学习效率和预防成人后的心血管疾病，并且还能调节免疫系统、促进生殖系统健康、改善异位性皮肤炎等过敏性疾病，但摄取过量可能会产生低血压及无法凝血的危险。其实三餐中只要有一到两餐吃到鱼，就已经能为宝宝摄取足够的鱼油了。

而鱼肝油则是由鱼的肝脏萃取出来的，主要含有维生素A及维生素D。维生素A有助于视力保健，另外可以改善干眼症及夜盲症；而维生素D则能促进骨骼的发展及补充钙质，对宝宝的骨骼及

牙齿发育有所助益，但经阳光照射，人体内也能自行合成维生素D，比专门从营养剂中摄入更好。值得注意的是，过度摄取，鱼肝油会在体内肝脏等器官中累积，会有中毒的危险。

爸妈必须了解的是，不管是鱼肝油或是鱼油，对视力的保健其实并不在于预防近视，而是在于对视网膜的保护，使视网膜更有弹性，以降低或避免视网膜受伤。

用眼每半小时要休息 10 分钟

良好视力 ＝ 良好的生活习惯 Ｘ 均衡饮食

给爸妈的贴心建议

需要额外为宝宝补充鱼肝油吗？

常听广告告诉家长，只要宝宝视力不佳，就给宝宝食用鱼肝油或叶黄素。虽然鱼肝油含有丰富的维生素A和D，而且维生素A是维持眼睛健康的主要营养素，然而对于近视或散光等视力不良是没有导正效果的。其实只要宝宝不偏食，适当摄取各类蔬菜水果，有均衡的营养，就不必再另外给宝宝吃营养剂。

值得特别注意的是，家长应该要让宝宝远离甜食或零食，避免影响宝宝的水晶体发展。

宝宝体重超标怎么办？

正常情况下，两岁半男宝宝的体重平均为11～15千克，三岁男宝宝的体重则是13～17千克；而两岁半女宝宝的体重平均值在10～14千克，三岁女宝宝的体重则为12～16千克。千万不要以为把宝宝养得白又胖就很有成就感，事实上，如果宝宝超过了标准体重，爸妈就要多注意宝宝是否有些肥胖了。

宝宝肥胖主要由两个原因造成：一种是单纯性肥胖，由于宝宝饮食习惯不良、吃多不运动所造成的；另一种是病理性肥胖，这是由一些先天性疾病、内分泌等疾病所造成的。如果是单纯性肥胖则需要适当地让宝宝运动，养成良好的饮食习惯，只要长期坚持合理的进食和运动，体重自然能够降下来。

治疗肥胖最好不要用药物治疗，这会影响宝宝的食欲和身体健康，除非是医生判定只能使用药物治疗。所以爸妈要调整宝宝的饮食，尽量少吃过甜过咸或太油腻、脂肪含量高、热量高、含有人工添加剂的食物，并且在饭后半小时要做适量的运动。

宝宝的减肥运动最好都是健康的有氧运动，最常见的是爬楼梯，每天锻炼半小时，一天1～2次，速度由慢到快，时间也可以缓慢延长。但是要注意不能在运动后大量进食，而是要保持和平常差不多的饭量，或者只能多一点点，才有减肥的效果。

过重宝宝的膝盖和腿需要特别留意

一般，爸爸妈妈要特别留心宝宝体重超标，对宝宝身体器官健康的长远影响。宝宝体重过重可能导致体内脂肪堆积，造成脂肪肝，严重时甚至会演变成肝硬化。同时，过重的体重也增加了对骨骼肌肉的负担，每走一步都要承受相当于身体体重的重量，大大地降低了宝宝的活动力，长期下来膝盖和腿部都容易有使用过度的危险，也会使得脚型不正常。

为了改善宝宝体重过重对身体造成的许多负担，爸爸妈妈应该要协助宝宝养成运动的习惯，建立规律的生活习惯，戒除含精制糖的饮料和糕点，并以适当的速度减轻体重才是最好的方法。然而，在这个过程中，身体还是在继续承受过大的负荷，因此爸爸妈妈也要特别留意宝宝需要承受全身重量的膝盖和腿。

宝宝因为在子宫内空间不足的关系，出生到两岁前腿部在视觉上会呈现O型腿的姿态，膝盖无法并拢，在两岁后状况会逐渐消失；两岁半的宝宝站立时双腿会张的很开，脚底板还是平的，但在两至三岁时腿型就会变得直一些，这是为了变成X型腿而做的准备，膝盖角度也会稍微改变，往内旋转。

到三岁前仍然稍微会有膝盖外翻的情形，但因为肌肉和韧带变得更有力，改变了脚底平坦的形状，会渐渐出现足弓的弧度。此时穿适合尺寸的鞋很重要，最好每

两个星期就检查宝宝的鞋子大小，爸妈要好好地为宝宝挑选一双合适的鞋子来减轻负担、弥补脚部功能的不足。

首先，挑在傍晚时分去为宝宝买鞋，并且一定要让宝宝两脚都试穿。还要注意不要选择大一号的鞋子，以免宝宝走路时脚部为了抓地稳固，间接对宝宝还在生长发育中的脚丫造成伤害。

因涉及体脂肪部分，两岁后才适用

$$BMI = \dfrac{体重（千克）}{身高（米） \times 身高（米）}$$

数值：

两岁男宝宝正常范围：15.2~17.7
　　　　过重：17.7　肥胖：19.0
三岁男宝宝正常范围：14.8~17.7
　　　　过重：17.7　肥胖：19.1

两岁女宝宝正常范围：14.9~17.3
　　　　过重：17.3　肥胖：18.3
三岁女宝宝正常范围：14.5~17.2
　　　　过重：17.2　肥胖：18.5

给爸妈的贴心建议

规律地记录宝宝的身高、体重

爸妈除了带宝宝定期打预防针做记录外，还应该在家摆设身高尺和体重机，每个月固定一个时间替宝宝定期测量并记录，如统一在起床后测量，因为就身高而言，早上刚起床最高，到晚上可能则会短一厘米。如此一来，除了可以帮助爸爸妈妈观察宝宝身高、体重变化，还能够提早发现宝宝发育生长上的问题，及早给予导正或治疗。

维护措施

电器影响宝宝健康

宝宝探索能力加强，
爸妈要更加小心地预防危险

对宝宝来说，各种器物都是探索的目标。然而有些器物却潜藏着不安全的因素，爸妈要及时地修正，杜绝危害的发生。

警惕家用电器威胁宝宝的安全

由于宝宝大部分的活动范围都在家里，经常要在家里四处走动，对所有新鲜事物都感到陌生而好奇，触手能及的都急切地想要抓到手里反复把玩一番，但却对家用电器使用时会产生的电、热、高温、搅动作用认识不清，很容易就在玩耍、探索或者不经意的触碰时受到伤害。爸爸妈妈想要杜绝这种意外的发生，就要仔细地做好居家防护工作。

整理家里的电线、插座：在布置线路的时候，就必须要把各种电线、光纤线沿着墙角缝隙适当地固定起来，不能随意散放在角落；插座也要尽量固定在墙角处，或者桌子下等隐蔽的地方，并且逐一装上防护安全盖，以免宝宝因好奇将手指插入而导致触电，同时也要做到定时检查，了解线路是否有老化、破开的情况，才能及时维修。

危险的电器要往高处放：比如家中常见的烤箱、微波炉、电水壶、电饭锅等会产生高温的电器，要全部放置在宝宝拿不到的高处，避免宝宝靠近时接触而烫伤。爸妈自己使用的时候也要多加小心，注意控制使用的时间。

检查电器的重心：有些电器因为设计的关系重心不平均，并不稳固，宝宝在旁玩耍探索时很容易就会因为拉扯而导致电器掉落、砸伤自己。因此，爸爸妈妈也要仔细检查一下家中竖着放置的电器，避免发生砸伤的意外。

应该让宝宝远离的危险电器：微波炉、电烤箱、电脑和手机等。日常生活常用的电器在使用中都有一定强度的辐射，应该注意不要让宝宝在旁边逗留，以免受到辐射影响。使用吸尘器的时候则要避免让宝宝接触吸入口；使用滚动式洗衣机时要记得把宝宝隔离，避免宝宝自行打开盖子钻进去玩。

可依实际情形教育宝宝避开危险

居家安全系数　＝　仔细观察　X　实质防护

给爸妈的贴心建议

专给宝宝用的小家电如何挑选？

最近几年，打着为宝宝设计的小家电越来越流行，包括温奶器、婴儿食物调理机、奶瓶消毒器等，价格不菲。然而，昂贵的价格并不等于能够保障宝宝的饮食和居家安全，爸妈还是要仔细挑选，除了产品功能以外，还需注意是否有辐射、含双酚A及毒金属成分等，这些都需要审慎考虑。

宝宝应该远离家电辐射

研究显示，电磁辐射会对人体的生殖系统、神经系统和免疫系统产生破坏，而许多家用电器都具有电磁辐射，要怎样让宝宝远离这些辐射呢？

1. 电视：液晶电视显示材料会产生辐射，看电视的时候不要让宝宝离得太近，最好在三米以外，不看的时候也要拔掉插头，一段时间后要起来洗手洗脸。

2. 电冰箱、吸尘器：当电冰箱正在运作，发出"嗡嗡"的声音时，这时电冰箱背后的散热管在释放电磁波；吸尘器的原理也一样。所以，要及时清理冰箱散热管上的灰尘，可以有效地降低家中辐射，并提高工作效率；而吸尘器使用时则需要与身体保持一段距离。

3. 手机：手机在接听和发送短信时会产生一定的辐射，充电时辐射量也比较大，父母在使用手机时要远离宝宝，自己也要减少使用时间和降低频率。

4. 音箱：音箱具有很高的电磁场，要避免放在床头，否则会影响睡眠品质。而放在客厅时也不能离人太近，使用完后也要拔掉插头。

5. 灭蚊灯：夏季使用这种小型家电时，经常会为了驱蚊效果更好而放在床边，其实它的辐射也很高，要尽量放在墙壁的角落处。

6. 微波炉：微波炉的电磁辐射很大，而且就算是没有运作的时候也会产生，所以使用完后一定要拔下插头，运作的时候要远离它。根据调查，微波炉的辐射会影响男性的生殖系统。

为宝宝预防辐射的其他要点

各种家电和科技便利了人们的生活，但却使得辐射似乎无处不在，除了家用电器，包括日常生活中的汽车废气、装潢材料也特别需要爸妈为宝宝注意防护辐射侵扰。

爸妈应该要慎重选择住处或宝宝玩耍的地方，必须远离变电厂和高压电，在家也要多使用空气净化设备。必须带宝宝外出时，要记得给宝宝戴上口罩，尽量减少皮肤裸露、和空气接触，适度地戴上帽子、手套、袜子等，回家后也要勤洗澡，除了防护辐射也能隔绝空气中的各种脏污。

在饮食方面，应该要给宝宝多喝开水，促进新陈代谢，并且多吃富含胡萝卜素、抗氧化维生素 C 和维生素 E 的蔬菜水果，如西红柿、西瓜、樱桃、橘子、杧果、各种豆类、橄榄油、葵花籽油，以及种类繁多的十字花科蔬菜，如卷心菜、西蓝花及花菜、芥蓝菜、大白菜、白萝卜、

芥末、甘蓝等，除了能确保维生素的摄取，还能对抗辐射损伤。此外，还可以给宝宝多吃富含胶原蛋白的食物，比如海带、海参、黑木耳等，能够帮助宝宝将辐射排出。

选购肉类时，则尽量注意不要选购靠近核能厂近海的海鲜。

值得注意的是，爸妈也不必对辐射太过敏感而给宝宝乱服用碘片甚至穿着防辐射衣。其实，只要注意日常生活的细节防护，即可达到有效预防辐射的效果。

远离 50 厘米可达到降低辐射的效果

预防辐射　＝　充足饮食　✕　远离家电

给爸妈的贴心建议

辐射对宝宝的健康影响

电磁辐射无色无味，可穿透包括人体在内的多种物质。人体如果长期暴露在超过安全的辐射剂量下，细胞将产生多种病变。宝宝属于对电磁辐射敏感的人群，而心脏、眼睛和生殖系统则是对电磁辐射的敏感器官。

受辐射影响后，免疫力较成人低下的宝宝容易出现免疫机能下降、眼睛易受伤害、发育受影响、记忆力减退、智力受损、骨骼发育迟缓，甚至诱发白血病，因此对日常生活中接触的电器不可不慎。

安全使用体温计

宝宝抵抗力比较弱，很容易出现身体发热的情况，这是感冒和其他疾病的常见症状，爸妈可以将之视为一种身体警讯。因此，为了及时检测宝宝体温的变化，家中最好常备一支体温计。

以往有很多家庭惯于使用水银体温计，因为价格低廉、使用方便，并且准确度高。但是水银体温计里的水银却有着安全隐患，因为是玻璃制品，一旦打碎会对环境造成污染，也会令人体有中毒的危险，现今一般家庭已多不使用水银体温计来测量了。

除了水银体温计以外，测量温度的工具还有耳温枪、贴纸式体温计、额温枪、电子式体温计，等等。其中耳温枪在使用上方便快捷，但是价格比较昂贵；贴纸式体温计则只能检测宝宝是否有发烧，贴在额头上以颜色辨识，并不能精准地显示度数；额温枪则因额温较容易受环境影响，虽然测量快速方便，但所得到的结果却容易受到其他因素干扰；电子式体温计在使用上安全方便，准确度也可以和水银体温计相媲美，虽然相对其他种类来说测量时间较长，但是性价比最合适家庭使用。

电子式体温计有多种使用方式，包括口腔式、肛门式、腋下式，等等。顾名思义，这三种体温计是要将测试端放在口中、直肠内或腋下来测量。由于是数位式计数，所以读数非常准确。检测时要注意使用时机，不要在刚吃完饭、洗完澡，或者大量运动后检测，并且爸妈要在检测的时候陪伴在宝宝身边。

选择适合宝宝测量体温的方式

宝宝发烧时，以手感测温度是最不可采信的。一般来说，人体能够测量体温的部位有六个，分别是耳朵、肛门、腋下、舌下、背部和额头。就准确度而言，排除容易受环境干扰的背温和额温，腋温也会因宝宝动作不易掌握、操作误差而影响测量结果；口温虽然操作简易，但需要高配合度，也不适合五岁以下的宝宝使用。因此以肛温和耳温为佳，两者相较之下，还是肛温的准确度较高。

由于耳膜位于接近体温调节中枢的位置，所以量耳温可以说是量人体的中心体温。但是三个月以下的婴儿耳温和中心体温的相关性还不是很好，所以不建议使用。测量时也应该要注意耳温枪在耳内的角度是否正确，耳垢过多也会影响测量结果。

而肛温和人体的中心温度很接近，所以测量肛温最能反应宝宝是不是发烧了，因此肛温是婴幼儿首选的测量方法，也是最好的一种。值得注意的是，如果宝宝才上过大便或是刚洗完澡，就不能立即使用肛温测量；宝宝便秘时也最好改用其他方式测量，以免结果产生误差。

宝宝以测量肛温最接近核心标准

发烧判定 = **体温测量部位** X **不同温度**

电子式体温测量：肛温测量1分钟，发烧标准为38℃；腋温测量3分钟，发烧标准为37℃

给爸妈的贴心建议

如何测量肛温？

零到三岁的宝宝检测体温以测量肛温最适合，具体测量步骤可参照下面：

1. 在体温计的温度测试端涂上水溶性润滑剂，没有的话，也可以用石蜡油、液体肥皂代替。

2. 让宝宝面朝下趴在床上或者爸妈的大腿上。

3. 让宝宝深呼吸，顺势将体温计轻轻插入宝宝的肛门，当听到体温计发出读数的信号时，记下读数窗里的温度值，再取出体温计。

不可忽略的保健常识

宝宝容易出现意外情况，
要积极准备和防治

宝宝的好奇心和运动量增大，出现意外伤害在所难免。爸妈要具备基本的保健常识，好在出现意外时有效地处理。

宝宝出现这些意外情况怎么办?

调皮好奇的宝宝时常出现意外，爸妈应该秉持不慌张、也不自行解决的原则，最好咨询医生或到医院求救来处理。以下列出几个宝宝常见意外:

1. 异物进入鼻孔或耳道: 宝宝经常喜欢拿取细小物品，并且就爱拿在手里玩耍、反复观察，甚至会大胆尝试将它们塞到身体里，比如放进耳朵、鼻孔或肛门里，爸爸妈妈第一时间千万不要尝试自行将异物取出，这样有可能让异物钻得更深，或者会伤害到宝宝的皮肤。当下应该要安抚宝宝，尽量稳定他的情绪，在保持宝宝呼吸畅通的情况下送到医院急救。

2. 鱼刺鲠在喉头：鱼肉是许多人心目中的美食，但鱼肉里夹带的细小鱼刺却经常惹来麻烦，所以爸爸妈妈在为宝宝买鱼时要注意挑选大刺的鱼，仔细把刺挑干净了再给宝宝吃。如果还是不小心堵在喉咙也不要着急，千万不要想让宝宝以吞食面包或饭团的方式，意图利用食物的重量将鱼刺压下去，正确的做法应该是送往医院，让医生检查鲠住的部位，再用专门的异物夹子把鱼刺夹出来。

3. 经常流鼻血：宝宝流鼻血常见的原因有大力撞击、急性热性传染病、扁桃体肥大、鼻腔异物、急性和慢性鼻炎、急性鼻窦炎、鼻外伤等，抑或是出血性疾病。不管是哪一种原因造成宝宝流鼻血，出现状况的时候都要注意保持呼吸道的畅通。而要阻止流鼻血的情况，就应尽快采用加压的方法止血：用大拇指和食指将鼻翼向中间隔处挤压，使出血部位受到压迫，一般来说很快就能够将血止住，在鼻梁处放冰袋冷敷会有更好的效果。

依保健常识做紧急处理可降低意外伤害

处理宝宝意外 ＝ 基本保健常识 Ｘ 不慌张

给爸妈的贴心建议

防范宝宝因异物窒息

两到三岁的宝宝喜欢用嘴巴探触奥秘，喜欢将东西塞入口腔或呼吸道，爸妈除了随时注意宝宝行为外，也应该从生活防范做起。

平时就要保持活动场所整洁，收好钱币或电池、花生等小于嘴巴的东西，给宝宝买的玩具要注意不选尖锐的，也不选带有细小零件的而让宝宝容易吸入或吞食。

如何预防宝宝意外中毒

这个阶段的宝宝，除了常见的食物中毒外，发生在家里的其他中毒意外，通常是因为家长疏忽所引起的。因为这个时期的宝宝喜欢用口腔探索，爸妈需了解家里哪些物品可能有对宝宝产生危害的毒性，应该将宝宝容易误食的药品、干燥剂、洗碗精、杀虫剂、指甲油、香水、发胶、樟脑油等危险物品放置在宝宝不能轻易拿取的位置，并且用完要放回原处，不要使用食品容器来装上面的东西。另外也要注意家里的常见有毒植物，如常春藤、黄金葛、马缨丹，最好使用壁挂容器让宝宝无法碰触。

给宝宝使用的玩具和物品，也应先仔细了解内含的添加物成分，以防引发宝宝重金属中毒。

平时爸妈应该将距离家里最近的医院急诊处电话号码记录在电话机旁，以备不时之需；使用强酸、强碱的化学药剂来整理家里或服用药物时，有其他原因如接听电话而需要暂时离开，也要先将东西收好再去处理；有机会就要仔细教导宝宝那些有毒物质可能对他的伤害，创建宝宝对这些物品的警戒心。

当中毒发生时，爸妈应尽快找出中毒的原因，并且马上打给离家最近的医院急诊处，寻求第一时间能够处理的紧急措施指导；到医院就医时最好带着怀疑的致毒物品，以协助医生在检查时能够快速诊断，必要的话还可以保留宝宝的呕吐物或排泄物供医生检验。

预防宝宝溺水意外

除了因异物哽塞而发生的窒息之外，另一项常见的窒息因素就是溺水。

最安全的地方却最容易发生意外，对于宝宝来说就是如此。浴室里装满水的浴缸和浴盆，是宝宝最容易发生溺水的地方。许多爸妈认为只要澡盆的水少放一点，就不会有溺毙的危险。但事实是，只要澡盆水位有10厘米高，就可能造成溺水，因为宝宝有可能站起来后滑倒，再跌

进澡盆里，如果宝宝此时意识不清吸进水的话，就很可能造成溺毙。所以爸妈最好随时让宝宝待在视线范围内，千万不可将宝宝单独关留在浴室里。浴室应尽量避免使用瓷砖，并在浴缸里放置防滑垫，非洗澡时间也最好把浴室的门关上。

同时，家中的储水容器，如洗衣机、金鱼缸、水桶、洗脸槽等都可能成为溺水的原因，因此要尽可能放干或把容器倒放，马桶则一定要盖上盖子，可能的话在不用时将厕所门锁上。

此外，在炎夏季节里，有些爸妈会带着宝宝到游乐区玩水，千万不要过于信任游泳圈等浮水玩具，应该随时注意宝宝的活动以及行为，以免宝宝在戏水时不慎跌入水中未即时抢救而酿成悲剧。

一旦发生溺水，首先应该要检查宝宝的意识及生命迹象，若没有咳嗽、呼吸的生命征象时，应该第一时间将口鼻内的异物清除，并在黄金8分钟内以"心肺复苏术（CPR）"紧急抢救，避免使脑部重创，再及时连络救护车，或快速将宝宝送往医院急救。

宝宝居家安全意外多因于家长疏忽

防范意外　＝　细心观察　Ｘ　安全环境

给爸妈的贴心建议

应该要为宝宝催吐吗？

若宝宝出现中毒症状，爸妈可千万先别急着催吐，因为催吐是有危险的，只有极少部分的食物中毒才能在医师的判断下适用催吐的方式来处理。在不确定宝宝是因为食入什么而中毒前催吐，都有可能造成更严重的二次伤害，如食入强酸强碱催吐，会因呛到而造成吸入性肺炎或食道灼伤；误食樟脑丸中毒而催吐，可能会引起痉挛或抽搐。

预防"节假日综合征"

节假日综合征是指宝宝在节假日期间，因为爸爸妈妈无暇顾及宝宝规律的生活节奏，使得生活作息时间被打乱，饮食习惯也被放宽、打破，很容易出现一些疾病，如出现疲惫无力、烦躁焦虑、食欲下降，甚至感冒发烧的情况。

节假日期间，宝宝的生活作息时间经常会因跟随爸妈的旅行计划而被打乱，吃的食物也可能和平时的很不一样。例如味道鲜美的海鲜、麻辣火锅等刺激性食物，会让宝宝一时难以适应；美味的食物集中摆在宝宝的面前，也容易造成宝宝暴饮暴食，出现腹泻、腹痛等症状。

假日旅游时，睡眠环境的改变，以及晚睡早起的情况，也可能让宝宝在白天出现精神疲惫、注意力无法集中的状况。如果是在家中过春节，家里人时常会忙到半夜，或者等到半夜才一起来放烟火，也会大幅影响宝宝的睡眠质量。

要杜绝这些情况，就需要父母特别为宝宝制订一个合理的计划，即宝宝的作息时间和饮食习惯要尽量规律但有弹性，并由父母来监督执行，同时父母自身也应尽量以身作则，和宝宝一起遵守。外出游玩的时间要注意控制，不能毫无节制；不吃或者少吃辛辣和对宝宝肠胃有刺激的食物；夏季和冬季外出旅游要做好防暑和防寒的准备工作。

提早实施收心操

如果宝宝在假期中已经出现没精神、情绪低落、没食欲、频尿、肠胃不适、容易愤怒、焦虑等节假日综合征的典型反应，有生理症状及心理情绪调适的困扰，爸爸妈妈就应该要有所警觉，提早在节假日当中以渐进的方式逐步实施收心操。

首先应该在假期结束的前两天，逐渐恢复宝宝规律的作息，减少会让宝宝过度兴奋的玩乐活动，并且安排一段时间和宝宝一起做一些简单的有氧运动，提高血液循环。

晚上则要陪宝宝提早15分钟上床，进行平日就养成的睡前习惯，例如念一个睡前故事、聆听放松的轻音乐，让宝宝恢复睡眠质量。

而收心操的关键，是假期结束的最后一天。不管宝宝和爸妈在假期中玩得有多开心，这天都不能再安排任何活动，应该要尽量提早起床，　起到广外去做些运动游戏，正常规律的吃三餐，下午则尽量安排符合闲散但是会在平日作息里进行的活动，以求假期的最后一天能让宝宝处于熟悉的时间流程和情境里，进入日常的生活轨道。

除此之外，饮食方面也应该要改换以健康清淡为主，不要暴饮暴食，多吃些含稳定情绪的食物，如富含维生素B_1的燕麦、豆类、牛奶；含维生素B_8的草莓、橙子及桃子；另外还有富含叶酸的豆类、芦笋或菠菜等，或者含生物碱的香蕉也有振奋精神、维持好心情的作用。

也可以在假期结束后的第一天，替宝宝准备喜欢的衣服，以及喜欢的食物当早餐作为一个好的开端。

宝宝的生活规律多要依赖爸妈执行

杜绝综合征　**=**　以身作则　**X**　提早恢复作息

给爸妈的贴心建议

节假日及家庭应常备的药物

1. 保护皮肤：防蚊液、皮炎软膏，防止蚊虫叮咬等疾病。

2. 预防中暑：青草油、万金油等含薄荷成分的药品。

3. 外伤处理：准备一个装有纱布、棉花棒、消毒水、创可贴的急救包。

4. 防止感冒：根据季节情况准备防止风寒或者风热感冒药，以及宝宝常用退烧药、退热贴。

5. 防止腹泻：强胃散、益生菌等。

怎样预防宝宝龋齿？

龋齿是危害宝宝牙齿健康的头号杀手，每个阶段的宝宝都会受到这样的威胁。怎样才能有效预防龋齿是爸妈关心的大事，也需要爸妈的细心监督、配合和按部就班地规律执行。

1. 注意饮食结构：宝宝吃甜食是引起龋齿的重要原因，但是爱吃甜食是宝宝的天性，不可能一点不给他们吃。因此，父母要和宝宝立下规矩，比如每天只能吃一至两颗糖，吃完之后要立即漱口。另外，爸妈可以鼓励宝宝多吃富含纤维的蔬菜和水果，水果中有果糖，也能满足宝宝对甜食的需要，但要注意不可过量，即使要喝的是现榨果汁也应该加入适量清水冲淡甜味。还要多吃豆类、骨头汤、牛奶、海带等富含磷、钙的食物，对宝宝的牙齿发育非常有好处。

2. 注意口腔卫生：要养成宝宝进食后漱口、早晚刷牙的好习惯，能有效减少口腔内食物残渣的囤积，降低牙菌斑形成的概率。这个阶段的宝宝已经学会刷牙，爸妈要教宝宝正确的刷牙方法，维持口腔健康，给宝宝牙齿一个健康安全的生长环境。另外还要带宝宝定期做口腔检查，听从医生的建议。

3. 注意选择牙膏：三岁左右的宝宝已经可以考虑开始使用含氟的儿童牙膏，氟对预防龋齿有很好的疗效。

聪明地为宝宝挑选牙膏

两岁半至三岁半的宝宝特别喜欢黏牙的甜食和含糖饮料，若不维持良好的口腔卫生，很快就会看到黑黑的蛀牙。除了聪明地挑选不需要吃很久的糖给宝宝，还要如何挑选适合的牙膏来清洁牙齿呢？

首先要注意的是，宝宝应该使用泡沫少、清洁成分温和的牙膏，并且不含人工色素以及合成香料，也不需要添加美白或抗敏感等多重目的性的成分，要以天然成分为主。不应该使用多泡牙膏、药物牙膏或消炎护齿类牙膏：多泡牙膏含皂量较高，容易刺激口腔黏膜，影响洁牙效果；药物牙膏含刺激性成分会使牙龈和口腔发炎；消炎牙膏则容易导致口腔中的病菌产生抗药性。

最后是含氟与否的选择。

氟化物可降低口腔内牙菌斑的细菌活性，增加牙齿对蛀牙的抵抗力，并且可以使牙齿再钙化，形成坚硬的保护层。但氟的浓度也并非越高越好，太高的氟会让牙齿产生黄化、白斑、齿洞，甚至造成全身性的氟中毒。

但目前市面上儿童含氟牙膏标示的含氟量都是微量，只要宝宝不是经常性的吞食牙膏，并不会对身体造成影响。所以如果宝宝已经会吐漱口水，那么爸妈就可以为宝宝选择符合国家规定标准、有信誉保证的含氟牙膏，并且注意使用量大约是一颗豌豆或豆子的大小（0.25～0.5克），正确地使用儿童含氟牙膏就是安全的。

两到三岁是宝宝蛀牙迅速增加的阶段

预防龋齿　＝　勤刷牙　X　少吃甜食

给爸妈的贴心建议

乳牙的重要性

乳牙是宝宝人生的第一副牙齿，能够帮助宝宝咀嚼食物、帮助消化。如果宝宝蛀牙引起牙痛，会让宝宝无法好好吃饭，造成肠胃负担、营养不良。并且，整齐无缺失的乳牙能够帮助宝宝发音正确，保持脸型外貌。

更重要的是，乳牙能够引导恒牙的正确萌发，如果乳牙太早脱落，会影响未来恒牙的发展，可能会造成牙齿移动、排列不整齐。

预防宝宝成为过敏儿

在过敏概率越来越高的现在，家里要预防宝宝过敏应该注意些什么呢？

过敏是指身体的免疫系统对外来的过敏原起了激烈反应，造成身体组织损伤或功能障碍。有时不会在第一次接触就产生反应，而是在反复接触或持续暴露在造成过敏的环境中才会引发。

假使宝宝经常出现流鼻水、揉眼睛、皮肤痒、长疹子、腹泻、黑眼圈、咳嗽等症状，爸妈就要合理地怀疑宝宝是否有过敏体质，容易患有过敏性鼻炎、气喘、荨麻疹、异位性皮肤炎或食物过敏等过敏疾病，应该将宝宝带去给医生仔细诊察。

三岁前的宝宝体质仍在发育阶段，爸妈应把握这时期奠定良好基础，不要以为等过敏宝宝出现症状再治疗就好，要极力避免宝贝此时诱发人生中"第一次过敏"，否则往后只能控制，难以完全痊愈、恢复健康。

宝宝的体质奠定应该要从多注意居家尘螨以及食物开始，寝具、纱窗等积灰尘的地方应定期清理和换洗，避免二手烟及空气污染，不可以单靠空气净化机减少尘螨数量而怠惰了居家清洁。并且尽量避免食用加工食品、人工色素和冰饮，还要小心食用容易引起过敏的食物。除此之外，还应该让宝宝借由均衡的摄取营养、充分的睡眠和运动、保持心情愉快来强化宝宝体质。

是鼻子过敏、气喘，还是感冒？

过敏宝宝的数量如今与日俱增，一般而言，如果爸妈其中一人有过敏疾病，宝宝则有三分之一的概率会有过敏体质；但若是两人都有过敏体质，那么就要多加注意，因为宝宝受遗传而拥有过敏体质的比例高达八成。但气管和鼻腔都是呼吸道的一部分，要怎么详加分辨才能知道宝宝是哪种症状呢？

一般来说，感冒可能合并发烧、喉咙痛、鼻塞，甚至合并一些肠胃症状，通常5到7天、最多10天就会结束，但如果合并细菌感染，最多也不超过3个星期就会痊愈。

气喘则跟遗传体质有很大的关系，而且如果宝宝是异位性皮肤炎的过敏体质，长大患有气喘的概率还会比一般人高。其常见的症状有晚上睡觉及清晨起床时容易剧烈咳嗽；运动时或运动后容易咳嗽，或者能听见咻咻的支气管收缩声；感冒时会反复咳嗽并且有痰，或是服药超出一般感冒的持续时间才能痊愈。

经医师确诊有气喘的宝宝应该避免接触过敏原；春秋两季交替时要特别注意，应该要维持固定、规律的良好生活作息；带宝宝出门时也应该配戴口罩，以隔绝过敏原；并且要配合医师的治疗，记录发作时间及发作情形。成年之后大多会因体质的增强而减缓症状。

而鼻子过敏无法从体质上被根治，可根据持续的时间分为间歇性或持续性。常见的症状有鼻塞、流鼻水、打喷嚏、眼睛鼻子痒，或是虽然没有明显症状，却慢慢冒出黑眼圈，会造成宝宝口臭、蛀牙、口角炎、注意力不集中、睡眠不足，甚至造成中耳炎、鼻窦炎等并发症，也会提高气喘的概率。有鼻子过敏的宝宝也应该避免接触尘螨等过敏原，确实做好居家清洁。

要尽力避免按下宝宝的过敏开关

预防过敏 ＝ 环境清洁 ✕ 健康饮食

给爸妈的贴心建议

怎么给宝宝喂药？

过敏宝宝需要因症状时不时地服药，但给幼小的宝宝怎么喂药呢？宝宝的药物可分为口服、注射、肛门塞剂和鼻腔吸入剂，爸妈应找出适合宝宝的喂食方式，以奶瓶、滴管、空针筒或汤匙来给宝宝服药，并且要使用量杯来仔细测量医师建议的使用量，遵照医生嘱咐使用，在喂药前要将药物或药水拌匀，也不应混在食物中给宝宝喂食。

Part 3
宝宝的饮食
从饮食做起，打造健康的根本

宝宝的饮食规划

宝宝的成长关键期，父母要加倍用心才行

父母希望宝宝健康地成长，摄取充足的营养为重要因素之一。"摄取充足的营养"并非"大量进食"，而是"食物足量，营养均衡"。此外，培养宝宝细嚼慢咽的习惯，也有助于宝宝完整吸收食物的养分。

宝宝的味觉

仔细想想，"味觉感受"与"进食习惯"是否有着深厚的关系？如果孩童偏好某一种味觉感受，只喜欢吃某类特定食品，长久下来孩童养成习惯便会排斥其他味觉感受，阻碍味觉器官的进一步发展。

三岁左右的孩童对于苦、辣、酸等刺激性食物尚处在极为排斥的阶段，吃了上述食品，他们绝对不会喜欢。对于"刺激强烈"的味觉，他们尚远远不能适应，如果爸妈强迫孩子习惯刺激性味觉的话，不仅无法促进孩童味觉的正常发展，反而会导致孩子不敢吃刺激性的食物。

无论在家里用餐或外出聚餐，或是自带便当，总之，给孩子准备食物，其目的不仅仅在于"果腹"，更深刻的意义在于：让孩子养成丰富多样、营养均衡的饮食习惯。尤其三岁儿童，他们基本上已经可以独立进食了，这时，如何养成良好的用餐习惯，无疑是一个重要的课题。

小小美食家

三岁的孩童已经能够区分"好吃"与"不好吃"了。当然，这种区别的对象只限于已经吃过的食物，他们尚不能对没吃过的食物作任何判断。

再者，假如孩童从小已经习惯了某

道料理的味道，只要那道料理的味道稍微变化过，他们就会产生抗拒的心理，不去吃它。在孩童眼里，只要是那道料理与原先的味道有些许不同，他们会直接把它归类为"不好吃"。

打造欢乐的用餐气氛

不管在家里还是幼儿园，家长、老师们都应该努力在用餐时创造一种愉快、欢乐的气氛。那种过分讲求秩序与礼节的用餐气氛，不仅无助于激发食欲，对孩童的社会化过程也会带来负面影响。

安排宝宝的作息

08:00
起床
刷牙、洗脸
早餐（清粥、全麦面包……）

11:30
陪同孩童阅读童书绘本
午餐（主餐选米饭、面食、肉粥，附餐则是肉类炒菜、蔬菜）
饭后休息，午睡半小时到一小时
安排户外活动

15:00
可以准备适量的点心，例如：牛奶、小面包……
听音乐，训练宝宝的美感

18:30
与家人一同吃晚餐
饭后可到家里附近公园散步
睡前记得刷牙

21:30
睡前可讲故事给宝宝听

给爸妈的建议

提升孩童"饥饿感"的小招式

炎热的夏日，孩童的食欲明显会降低许多，这时爸妈可以将用餐环境移到较凉爽的地方，有助于提升孩童的"饥饿感"。少部分孩童没有"饥饿感"或是不足，可能是一天下来有太多时间待在室内从事静态活动，爸妈、老师们应当增加孩童户外游戏的时间，孩童一动起来，身体的热量被消耗掉，"饥饿感"便由此产生。

孩童会根据用餐当下的气氛、菜肴的外观等非味觉因素来判定那道餐点是否美味可口。如何让每道菜香喷喷，同时又激起孩童源源不绝的"饥饿感"呢？那就要制造良好的用餐气氛，想办法引来孩童对餐桌上每道佳肴的好奇心。爸妈除了花费心思在烹调食物上，别遗漏掉"美食"本身的附加条件——美观，可以多参考摆盘图例、美食杂志，美化每道菜肴的视觉形象。

从白天到晚上

宝宝的每日饮食

定时定量的饮食习惯，
宝宝身体壮壮

2~3岁孩童正处于发育的萌芽时期，爸妈需具备正确的饮食观念，才能让宝宝健康成长。随着孩童的消化功能越来越强，运动量也越来越大，爸妈们可以在正餐之间给予孩子适当的零食。

爸妈如何安排宝宝的饮食表?

这一时期的宝宝要逐渐养成一日三餐规律的进食习惯，饭量也要有所保证，每日摄入的维生素和矿物质要保持在一定水准。同时增加对蔬菜和水果的摄入，尽量减少或避免吃零食，以免破坏宝宝对正餐的食欲。

2岁之后的宝宝由于消化吸收能力发育完善，乳牙也已经发育完好，可以给宝宝准备粗粮。粗粮中含有丰富的营养物质，非常适合发育中的宝宝。

宝宝每天需要进食250毫升牛奶（或豆浆），150克谷物，鸡蛋、瘦肉或者鱼100~125克，蔬菜100克左右，食用油10毫升左右，水果2份。

宝宝的绿色好伙伴

蔬菜为宝宝提供了维生素、植物纤维、叶酸等丰富的营养物质，有利于促进肠胃蠕动，促进消化和预防便秘。蔬菜还是人体所需矿物质的来源，宝宝的健康成长离不开蔬菜。为了让宝宝爱上吃蔬菜，要一步一步慢慢来，不能强迫。父母要以身作则多吃蔬菜，鼓励宝宝也多吃。菜式多样、菜色各异可提高宝宝吃蔬菜的兴趣。

保留蔬菜的营养，最好用铁制或铝制的锅烹饪，烹饪方法最好是大火快炒，才能充分保留所含的维生素。煮蔬菜汤时，应该等水沸腾之后再放入蔬菜。

宝宝的零食伙伴

给宝宝加餐最好定时，一般在两餐之间最好，睡前也可给宝宝喝些优酪乳或吃一些水果，但最好不要给孩子吃太多饼干或其他甜食，否则对胃和牙齿都不好。对爱吃甜食而又身体较胖的孩子可给热量少的水果、果汁或优酪乳等；饭量少的孩子则可给些饼干、蛋糕、面包或牛奶等含糖的食品。

如何挑选较具营养价值的零食？

挑选孩童的零食首先要适当选择，既要有水果类、瓜类，也要有坚果类、糖类和水产品类，宝宝的营养才能得以达到平衡。

其次，零食量宜少，一次不可吃太多，以防影响正常的饮食和生理发展。

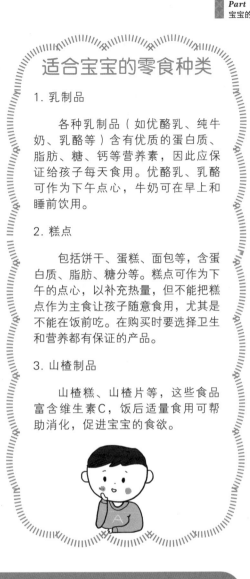

适合宝宝的零食种类

1. 乳制品

各种乳制品（如优酪乳、纯牛奶、乳酪等）含有优质的蛋白质、脂肪、糖、钙等营养素，因此应保证给孩子每天食用。优酪乳、乳酪可作为下午点心，牛奶可在早上和睡前饮用。

2. 糕点

包括饼干、蛋糕、面包等，含蛋白质、脂肪、糖分等。糕点可作为下午的点心，以补充热量，但不能把糕点作为主食让孩子随意食用，尤其是不能在饭前吃。在购买时要选择卫生和营养都有保证的产品。

3. 山楂制品

山楂糕、山楂片等，这些食品富含维生素C，饭后适量食用可帮助消化，促进宝宝的食欲。

给爸妈的建议

宝宝竟然出现攻击行为

新闻曾报道一名男童突然攻击他身边的人的真实案例，经过医护人员的询问后方得知，该名家长不小心给男童喝了点提神饮料，导致男童因为兴奋过头进而发生预期外的行为。

咖啡、浓茶、可乐、巧克力里面都含有咖啡因，会影响宝宝的神经系统，引起兴奋性冲动，让宝宝具有攻击性。爸妈要注意不该让孩童接触含咖啡因的饮品，避免造成孩童身心发展的负面影响。

宝宝的健康克星

面对危害宝宝健康的食品，爸妈要睁大眼睛

许多非天然的食品因添加了人工调味精，相当诱人却不健康，孩童一吃即上瘾，爸妈应多留意市面贩售的各种食材用料、食品标示，将加工食品拒于家门之外，给宝宝无毒的成长环境。

加工食品的伤害

加工食品中一般都含有食品添加剂，包括防止变质的防腐剂、让外观看起来更可口的人工色素和咖啡因等，而宝宝喜欢的许多零食里面都加入了这些成分。食品添加剂有些是天然的，而大部分则是化学成分，食用过量就会对身体产生伤害。

父母帮助孩童筛选

父母要尽量避免宝宝吃零食，也不要购买罐装的水果、肉类罐头给宝宝吃，而要以新鲜的水果、肉类来代替。很多

宝宝爱吃的奶油蛋糕、果冻和果汁饮料也加入了人工色素，不能让宝宝接触过多。另外，咖啡、茶叶、汽水、巧克力等含咖啡因的饮料、食品，也不该让宝宝食用。

切记，炒菜的时候不要放入味精，味精会促使宝宝体内的锌从尿液里排出，使宝宝缺锌。

宝宝应远离的食物

以下几种食物，对宝宝大脑发育不利，家长应尽量限制宝宝食用。

1. 太咸的食物

人体对盐的需要量，成人每天在 7 克以下，婴幼儿每天在 3 克以下。日常生活中父母应少给孩子吃含盐较多的食物，如咸菜、榨菜、咸肉、豆瓣酱等。

2. 含味精的食物

婴幼儿食用味精过多有引起脑细胞坏死的可能。成人每天摄取味精的量不得超过 1 克，孕妇和周岁以内的孩子禁食味精。即使孩子大了也尽量少给孩子吃含味精多的食物。

3. 含过氧化脂质的食物

过氧化脂质会导致大脑衰弱或痴呆，直接有损于大脑的发育。食物酸败或腐败时就会产生脂质暴露在空气中发生过氧化现象。

4. 含铅食物

医学研究表明，铅会杀死脑细胞，损伤大脑。爆米花、皮蛋、啤酒等含铅较多，父母应少给孩子吃。

5. 含铝食物

经常给孩子吃含铝量高的食物，会造成记忆力下降、反应迟钝，甚至导致痴呆。所以，父母最好不要让孩子常吃油条、烧饼等含铝量高的食物。

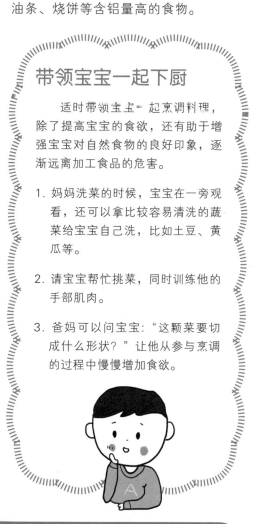

带领宝宝一起下厨

适时带领宝宝一起烹调料理，除了提高宝宝的食欲，还有助于增强宝宝对自然食物的良好印象，逐渐远离加工食品的危害。

1. 妈妈洗菜的时候，宝宝在一旁观看，还可以拿比较容易清洗的蔬菜给宝宝自己洗，比如土豆、黄瓜等。

2. 请宝宝帮忙挑菜，同时训练他的手部肌肉。

3. 爸妈可以问宝宝："这颗菜要切成什么形状？"让他从参与烹调的过程中慢慢增加食欲。

给爸妈的建议

钙——提高集中力的元素

钙可以降低大脑细胞的兴奋。如果缺乏钙，人的集中力就会下降。有压力时，钙含量会减少，就会出现焦虑和发脾气的行为。摄取充分的钙质，可以提高记忆力和集中力。

宝宝的营养补给

适当补充营养食品，
宝宝元气满分

宝宝的大脑发育，关键在于三岁之前的饮食方法。这个时期是大脑形成的重要时期，因此宝宝的营养补给格外重要。

均衡饮食

宝宝在生长发育阶段需要均衡的营养，每日保证要有充足的营养素，食量维持在正常水准，过少或过多都不利于身体健康。有的宝宝因为食量大又不喜欢运动，造成身体肥胖，爸妈一定要注意控制宝宝的体重。

必需的营养食品

1. 脂肪——占大脑成分的 60%

婴儿的大脑在妈妈的肚子里已形成了 98%。之后大脑的重量增加比例会减缓，但到了 2 ~ 3 岁脑细胞还会生长。

从大脑的组成来看，脂肪占大脑成分的 60%。特别是喂奶时摄取的脂肪量很重要。这个时期宝宝要均衡摄取亚油酸和 α－亚麻酸。亚油酸和 α－亚麻酸无法在人体内合成（注：α－亚麻酸在体内可以从亚油酸合成，但量很少）。而这些是必需脂肪酸，因此要通过食物来摄取。富含亚油酸和 α－亚麻酸的食物有大豆、红豆、四季豆等豆类食品。

2. 碳水化合物——给大脑提供能量

碳水化合物在体内分解成葡萄糖后分散到各地方，变成能量之源。大脑使用 20% 的葡萄糖，碳水化合物是提供大脑能量的必需物质。

3. 蛋白质——可提高大脑周转速度

构成脑细胞的物质除了脂肪之外，含量最多的就是蛋白质。实际上在6岁之前，缺乏蛋白质会对记忆力、思考能力、神经传达能力等都会有不好的影响。所以要不断地补充优质蛋白。

4. 维生素 B_1——能提高思考能力和记忆力

葡萄糖是大脑的能量之源。葡萄糖转换为能量时，需要维生素 B_1 协助。如果缺乏，葡萄糖就不能转化为能量，大脑机能就会降低。

5. 维生素 C——使脑血管健康

可以促进大脑的活动和大脑的血管健康，舒缓紧张情绪。

6. 维生素 E——可以疏通血液循环

大脑中血液供给不足，会导致大脑缺氧，大脑的机能就会降低。维生素 E 能提高记忆力，疏通血液循环。但维生素 E 易被破坏，最好直接食用。

给宝宝明亮的大眼睛

保护宝宝的视力，充足的营养可以减缓视觉疲劳，母乳中的DHA可预防近视，其他营养素也必不可少。

1. 蛋白质是视力发育的基础。眼睛的正常功能、组织的更新都需要蛋白质，否则就会引起眼睛功能的衰退、视力下降，发生各种眼疾。蛋白质可以从肉类、奶类、蛋类等食物中摄取。

2. 维生素 A 能够维护视觉的正常，对保护视力有关键的作用。它主要存在动物的肝脏、奶类和蛋类，以及富含胡萝卜素的蔬菜与水果中。

3. 维生素 B_1 是视觉神经营养素，缺乏时会产生眼睛疲劳。壳皮、小麦、豆类等粗粮中富含维生素 B_1，动物的内脏、瘦肉、坚果也含有丰富的维生素 B_1。

你家的宝宝超标了吗？

正常体重范围：

2岁半男宝宝的体重是11～15千克，
3岁男宝宝的体重是13～17千克。

用"鱼类"制作副食品

富含合成大脑细胞的 DHA

提高智力首先想到的是 DHA，DHA 是构成脑细胞的不饱和脂肪酸。正需组成大脑构造的宝宝，摄取 DHA 的效果会比成人的好。人体中 DHA 的含量很少，也很难合成，我们通过食物可以摄取 DHA。鲜鱼中金枪鱼、秋刀鱼、青鱼等富含 DHA，宝宝吸收DHA 的速度非常快，一周即可改变大脑构造。

培养饮食习惯

养成好习惯，
健康快乐地成长

很多人说宝宝在3岁左右就会养成此后一生的习惯，所以爸妈在这个时候对宝宝饮食习惯的养成要多加小心，让他们明白什么该做，什么不该做。

再三谨慎

生活中的一些小细节，稍不注意，就会对身体造成损害，爸妈在照顾宝宝的时候切记想清楚，应适当咨询医生，确立最科学的饮食方法。这一时期的宝宝对满足生长发育所需的各种矿物质、维生素的需求有所增加，而且要通过合理有效的方式来摄取。

宝宝不能吃汤泡饭

有的妈妈认为，给宝宝吃汤泡饭能够促进宝宝的食欲、促进消化，其实不然。汤会冲淡宝宝口中的唾液、冲散食物，

使食物不能成团，降低唾液淀粉酶的作用。食物最好经由咀嚼，和着唾液吞下，唾液淀粉酶才能在食物团中发挥作用，让食物自然分解，促进消化和吸收。

汤泡饭还会让宝宝减少咀嚼的次数，甚至囫囵吞下，不仅使人"食不知味"，而且舌头上的味觉神经没有刺激，胃和胰脏产生的消化液不多，这样会加大胃的工作量，也不利于肠胃的吸收，长久下来会让宝宝感到腹胀、腹痛。而且汤泡饭会降低宝宝的食量，因为汤会把饭泡大，让宝宝很快就感到吃饱了，但实际上食物摄取量并不够，会造成各

种营养素的缺乏。长期食用泡饭，不仅妨碍胃肠的消化吸收功能，还会使咀嚼功能减退，让咀嚼肌萎缩，严重的还会影响长大后的脸形。

良好的饮水方式

水能调节人体的新陈代谢和体温，它参与了人体大部分的生理过程，给宝宝补充水分就如同给宝宝补充各种营养。2岁半到3岁的宝宝每天要喝150毫升左右的水，具体喝什么样的水也很有研究。

据研究显示，宝宝饮水的要求比成年人的要苛刻一些，主要具备以下几点：不含有影响宝宝身体健康的化学、物理及生物性的污染，有害菌群为零；水分子集团小，溶解力和渗透力强；水中含有溶解氧；水质软，导热、导电性能好；含有易被宝宝吸收的矿物质。

由此看来，日常的饮用水当中，白开水中含有对身体有害的铝离子，对宝宝骨骼和神经发育不利；矿泉水中含有多种金属元素，容易加重宝宝肾的负担；净化水，其中的工业原料会影响宝宝的肝功能。虽然每种水都各有利弊，但是只要交替着喝，就能做到最大化的趋利避害。

什么时候让宝宝喝水？

爸妈要让宝宝养成随时喝水的好习惯，在炎热的夏季，每隔半个小时就让宝宝喝一点水，维持体内水分的平衡，而且要注意掌握好正确的喝水时间。

宜喝水时间：睡前2小时、起床后、游戏玩耍的间歇、饭前2小时、饭后1小时。

不宜喝水时间：饭前、饭后半小时，吃饭时，睡前1小时。

给爸妈的建议

促进宝宝的食欲

许多蔬菜都有独特的香气，如葱、姜、蒜等，做菜的时候保留这几种蔬菜的原味，能够大大提高宝宝的食欲，也更有易于营养的吸收。

另外，科学家还发现，蔬菜的营养价值与其颜色密切相关，颜色越深营养价值越高，排列顺序依次是：绿色蔬菜、黄色蔬菜、红色蔬菜、无色蔬菜。

饮食注意事项

○避免添加物→

过度加工的食物不适合
宝宝食用

俗语说，饮食习惯影响一个人的健康！宝宝这个阶段的饮食习惯对他往后人生的影响甚大，爸妈应该谨慎地为孩子制订一套营养美味又均衡的饮食计划，替宝宝的健康人生打下厚实基础。

孩童禁吃的食物

火腿以畜禽肉为主要原料，辅以填充剂，然后再加入调味品、香辛料、品质改良剂、护色剂、保水剂、防腐剂等物质，采用腌渍、烟熏、高温蒸煮等加工技术制成。其所加的辅助调味料较多，口味比较重，不适合此阶段的婴幼儿食用。另外，火腿中含有添加剂，添加剂对健康有很大的影响。因此，3岁以下的婴幼儿应禁食火腿，3岁以上的婴幼儿也应少食或不食火腿。

经常喝饮料，无论是可乐、果茶，还是罐装果汁、乳酸饮料等，都会刺激胃，特别是乳酸饮料，经常喝还会使小乳牙受到伤害。而咖啡、可乐等饮料中的咖啡因会影响大脑的发育。饮料中含有大量的糖分、合成色素、防腐剂及香精等成分，这些物质进入体内会加重肝肾的负担，还容易造成龋齿。因此，1岁以下的婴幼儿应禁食所有的饮料，1~3岁的婴幼儿也应少喝，最好是用自制的蔬果汁取代罐装饮料和手摇杯饮料。

巧克力含有大量的糖分和脂肪，而蛋白质、维生素、矿物质含量低，营养成分的比例不符合生长发育的需要。饭前进食巧克力易产生饱腹感，进而影响食欲，使正常生活规律和进餐习惯被打乱，影响身体健康。巧克力中过量的糖会干扰血液中葡萄糖的浓度，对神经系统有兴奋作用，使孩子不易入睡和哭闹不安，影响大脑的正常休息，进而影响智力发育，导致营养过剩，甚至出现肥胖症。因此，3 岁以下的婴幼儿应禁食巧克力，10 岁以下的婴幼儿也应少食或禁食巧克力。

汤圆是由糯米制成，而糯米比较黏，食用汤圆的时候，很容易将汤圆黏在食道上，进而堵塞呼吸道。另外，糯米本身较难消化，而孩童的胃肠道功能还不够完善，消化功能较弱，再加上吞咽及射功能未发育完全，贸然食用汤圆很容易出现危险。因此，3 岁以内的婴幼儿应禁食汤圆，3 岁以上的婴幼儿食用汤圆时，父母也应帮助其将一个汤圆分成两次或三次吃完，以防出现意外。患有呼吸道疾病的婴幼儿最好禁止食用汤圆，以免加重病情。

茶中含有咖啡因、鞣酸、茶碱等成分，咖啡因是一种很强的兴奋剂，能兴奋神经系统，诱发多动症。鞣酸会干扰人体对食物中蛋白质及钙、铁、锌等矿物质的吸收，导致缺乏蛋白质和矿物质，进而影响其正常的生长发育。茶碱能使中枢神经系统过度兴奋，会造成不易入睡、多尿、睡眠不安，影响大脑的休息，进而阻碍智力发育。

2 岁半到 3 岁宝宝食谱

时　间	食　物
早上 7 点	牛奶 250 毫升，水煮蛋 1 个或小蛋糕 1 个
上午 10 点	全麦面包 2 片、苹果 1 个，或 1 碗粥
中午 12 点	米饭 1 小碗，素菜、荤菜各 50 克，蔬菜汤 1 小碗
下午 3 点	优酪乳 150 毫升，小面包或面食适量
晚上 7 点	米饭 50 克，肉圆、蔬菜各适量，香蕉 1 根

给爸妈的建议

水果不能代替蔬菜

有些婴幼儿不爱吃蔬菜，一段时间后，不仅营养不良，而且很容易出现便秘等症状。从营养元素上来说，水果并不能代替蔬菜，蔬菜中富含的纤维，是保持排便通畅的主要营养之一，同时，蔬菜中所含的维生素、矿物质也是水果所不能替代的。

为了维持孩子的身体健康，蔬菜的摄取是必须的，如果不喜欢吃，妈妈可以用一些小方法将蔬菜混合到喜欢的菜肴中，如将蔬菜切碎和肉一起煮成汤，或做成菜肉馅的饺子等。

预防孩童蛀牙

一口好牙

牙齿是用来进食的工具，
宝宝一定要好好照顾它们

龋齿是危害宝宝牙齿健康的头号杀手，0～3岁每个阶段的宝宝都会受到威胁。怎样才能有效地预防龋齿是爸妈关心的大事，也需要爸妈的监督、配合及执行。

注意饮食结构

宝宝吃甜食是引起龋齿的重要原因，但是爱吃甜食是宝宝的天性，不可能一点不给他们吃。父母要和宝宝立下规矩，比如每天只能吃1~2颗糖，吃完之后要立即漱口。另外，要鼓励宝宝多吃富含纤维的蔬菜和水果，水果中含有果糖，也能满足宝宝对甜食的需要。还要多吃豆类、骨头汤、牛奶、海带等富含磷、钙的食物，对牙齿的发育非常有好处。

注意口腔卫生

要养成宝宝进食后漱口、早晚刷牙的好习惯，能有效减少口腔内食物残渣的存积，减少牙菌斑形成的概率。3岁左右的宝宝已经会刷牙，爸妈要教宝宝正确的刷牙方法，给牙齿一个健康安全的生长环境。另外还要带宝宝定期做口腔检查，听从医生的建议。

注意选择牙刷

帮助孩童选择牙刷，刷头长度最好相当于四颗门牙宽，刷毛软硬度则以不伤害孩童牙肉为原则。

注意选择牙膏

3 岁左右的宝宝已经可以使用含氟的儿童牙膏，氟对预防龋齿有很好的疗效。

特别清洁乳臼齿

儿童在 2 岁时，所有乳牙都会长出来，2 岁后的乳臼齿很容易长蛀牙，要特别注意清洁。若孩童要求自己刷牙时，可开始教他用水平式前后刷牙方式，强调不可只刷牙齿外侧面，内侧和咬合面也要刷，并且帮他使用牙线清除牙缝食物残渣，养成小孩饭后刷牙的习惯及兴趣。由于这时的儿童刷牙不容易刷得干净，父母最好再帮他刷一次。

2 岁到 3 岁宝宝洁牙工具

年　龄	使用工具	目　的
1～2 岁（长前排牙）	指套刷、儿童牙刷	降低口中酸性、预防蛀牙、建立刷牙习惯
2～3 岁（长后排牙）	牙线、儿童牙刷	后排牙齿不易清洁，常长蛀牙，应辅以牙线清洁
约 3 岁（会将口水吐掉）	牙线、儿童牙刷、儿童牙膏、含氟漱口水	牙膏与漱口水可加强牙齿防护

给爸妈的建议

孩童也要检查牙齿

许多孩童的父母认为乳牙会再更换，所以蛀掉也没有关系，将来会再长新牙。健康的乳牙除了用来咀嚼食物外，尚有发音及帮助恒牙正确生长的功用。乳牙若是过早蛀掉或脱落，将可能造成隔壁牙的倾斜及空间的丧失，其结果可能造成恒牙齿列拥挤及咬合功能不良。

当然，每半年一次带孩童到牙医诊所检查，才是保护牙齿健康的不二法门。

○好"胃"道

宝宝的 肠胃保健

宝宝吃得好, 肠胃健康不能少

孩童的健康, 向来是父母最关心的重点, 孩童要吃得好、长得壮, 得先要有健全的肠胃系统。平时, 爸妈便需具备良好的肠胃保健观念, 才不会因为一时的疏忽造成宝宝的肠胃受损。

食物卫生

注意细菌可能会从宝宝的口中进入, 不少肠胃疾病都是因为吃到不卫生的食物。另外很多慢性病的形成也都和肠胃的问题有关, 所以一定要格外注意食品的干净卫生。

根治便秘

便秘是肠胃健康的最大敌人, 若肠道堆积过多废物, 无法通顺, 宝宝全身上下肯定会感到不舒服。爸妈可以帮孩童多准备蔬菜等纤维较粗的食物或者让孩童每天喝些蜂蜜水, 对缓解便秘都有相当大的帮助。

注意口腔卫生

成人的口腔拥有自己专属的抗体, 虽有各种不同的细菌存在口腔内, 但已达到一种平衡。孩童跟大人不一样, 如果接受这么多的细菌, 很容易造成感染。因此, 爸妈需非常重视宝宝的口腔卫生。

拒绝生食

尚未煮过的动物肉品、鱼类海鲜, 是人体另一个细菌感染的来源, 例如: 没熟透的牛羊肉、生鱼片、虾子、田螺等。爸妈在烹调孩童的食物时, 一定要再三确保肉类、鱼类完全熟透。

宝宝胀气了

肠胃里的气体，一部分是由嘴巴吸入的空气，另一部分则是大肠内细菌分解食物残渣发酵而成的气体。

我们平时就会无意间吞入一些气体，例如说话或吃饭，吞入的空气过多，这时候会以打嗝的方式向上排出，剩余的空气不大会造成腹胀或排气过多。另一种情形是因为大肠内的细菌失衡，制造了过多的气体而容易引起胀气，最常见的是人们食入太多小肠不能消化的特异性碳水化合物，刚好成为大肠内细菌的食物，经发酵而产生很多的气体。

宝宝胀气的原因

宝宝吸进一些空气，不会立即胀气，但如果每餐都吸入一些空气，一整天累积下来，宝宝的肚子就会像气球般鼓胀得又圆又大。

胀气也会间接导致排便问题，例如排便时间变长、必须用更多力气解便、

大便的颜色因为胀气使得食物在大肠中长时间发酵而呈现较深的黄绿色。

肠胃胀气的孩童，很容易打嗝、放屁，他们的情绪多少都会受此影响。少数孩童的胀气是源自心理因素，再直接转化成生理反应，如紧张时会不自觉吞口水，这时便会吸入过多气体，形成胀气。

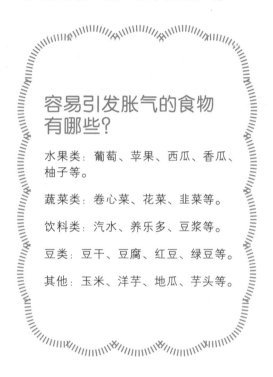

容易引发胀气的食物有哪些？

水果类： 葡萄、苹果、西瓜、香瓜、柚子等。

蔬菜类： 卷心菜、花菜、韭菜等。

饮料类： 汽水、养乐多、豆浆等。

豆类： 豆干、豆腐、红豆、绿豆等。

其他： 玉米、洋芋、地瓜、芋头等。

给爸妈的建议

乳糖不耐症也会引发胀气

简单来说，有乳糖不耐症的孩童，食用完牛奶或其他乳制品，会产生腹胀、腹泻、肠绞痛等症状。有些属于先天性，以 3 ~ 5 岁的孩童居多，随着时间发育症状会减轻或消失，但也有人无法改善。

爸妈照料有乳糖不耐症的孩童并不困难，只要记住尽量完全避免掉含乳糖的食物和饮料，这个状况自然不会发生。

增强
宝宝免疫力

免疫力是宝宝拥有
健康身体的基础

宝宝身体不好总是生病？可能是宝宝身体中缺少了免疫力。病菌丛生的年代，唯独宝宝健康，爸妈才能安心。提升免疫力刻不容缓，爸妈们必须打造强韧的防护盾牌，让自己的孩童快乐、健康地成长。

如何增强免疫力？

如果宝宝的身体虚弱，免疫力又不足，根本无法抵抗各种外来病菌的侵袭，宝宝便会经常感冒生病。通过日常饮食调理是提高孩童免疫能力的理想做法，平时的饮食中，爸妈应注意给宝宝食用以下食物，能有效提高他们的免疫力。

胡萝卜

胡萝卜营养丰富，含较多的胡萝卜素、糖、钙等营养物质，对人体具有多方面的保健功能，因此被誉为"小人参"。儿童在生长过程中要比大人需要更多的胡萝卜素，胡萝卜素具有保护儿童呼吸道免受感染、促进视力发育的功效。缺乏维生素 A 的儿童容易患呼吸道感染，胡萝卜素在人体内可转变为维生素 A。如果经常在饮食上安排一些胡萝卜，十分有益于儿童的健康。为了便于儿童的肠道吸收，用胡萝卜做菜时最好先切碎，或蒸、煮后再弄碎，或捣成泥状，以帮助儿童对胡萝卜中的营养能有更好的吸收。

小米

小米富含淀粉、钙、磷、铁、B 族维生素、维生素 E、胡萝卜素等。小米虽然脂肪含量较低，但大都为不饱和脂肪酸，而不饱和脂肪酸都是生长发育必需的营养物质，对儿童大脑发育有益处。小米还含有易被消化的淀粉，很容易被人体消化吸收。而现代医学发现，其所含色氨酸会促使使人产生睡意的五羟色胺促睡血清素分泌，所以小米也是很好的安眠食品。

黑木耳

黑木耳营养丰富，除含有大量蛋白质、糖类、钙、铁、钾、钠、少量脂肪、粗纤维、B族维生素、维生素C、胡萝卜素等人体所必需的营养成分外，还含有卵磷脂、脑磷脂及麦角甾醇等。如果经常食用黑木耳，可将肠道中的毒素带出，净化儿童肠胃；还可降低血液黏度，预防心血管疾病。现今，很多儿童体重超重，血脂偏高，从小多吃一些黑木耳对日后的健康大有益处。

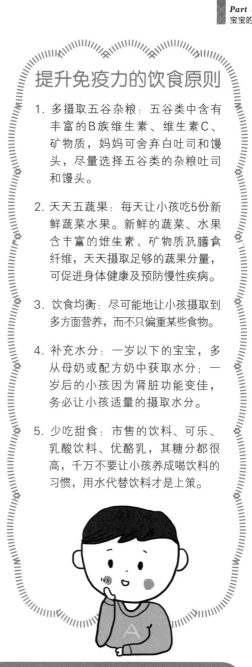

提升免疫力的饮食原则

1. 多摄取五谷杂粮：五谷类中含有丰富的B族维生素、维生素C、矿物质，妈妈可舍弃白吐司和馒头，尽量选择五谷类的杂粮吐司和馒头。

2. 天天五蔬果：每天让小孩吃5份新鲜蔬菜水果。新鲜的蔬菜、水果含丰富的维生素、矿物质及膳食纤维，天天摄取足够的蔬果分量，可促进身体健康及预防慢性疾病。

3. 饮食均衡：尽可能地让小孩摄取到多方面营养，而不只偏重某些食物。

4. 补充水分：一岁以下的宝宝，多从母奶或配方奶中获取水分；一岁后的小孩因为肾脏功能变佳，务必让小孩适量的摄取水分。

5. 少吃甜食：市售的饮料、可乐、乳酸饮料、优酪乳，其糖分都很高，千万不要让小孩养成喝饮料的习惯，用水代替饮料才是上策。

给爸妈的建议

一天一苹果，医生远离我

苹果的营养价值非常高，其中的果酸可促进消化吸收，纤维素可促进排便，果胶可治疗轻度腹泻，所富含的锌元素有助于儿童增强抵抗力。因此，多给孩童食用苹果可预防很多疾病。孩童轻度腹泻时，可连吃两天的苹果泥，有助于缓解腹泻。

什么是过敏性皮肤炎

饮食、生活习惯都是诱发的主因

即使父母不是过敏体质，也会因双方饮食习惯、健康状态的不同，影响新生儿的体质。怀孕母亲的饮食习惯会左右母体的健康，母体的健康状况则直接影响到小孩的体质。

过敏性皮肤炎的起因

过敏性皮肤炎是三大过敏性疾病中的一种。过敏性疾病是因过度的免疫反应而出现的症状，概括地说，就是因为细胞表面的抗原抗体反应，引出细胞膜的颗粒物质，又因为这些颗粒物质感到瘙痒。长皮疹是过敏性皮肤炎常有的症状。

这一症状如果出现在支气管黏膜就会引发哮喘，出现在鼻黏膜上就会引发过敏性鼻炎，出现在皮肤表面就叫作过敏性皮肤炎。所以过敏性鼻炎、哮喘和过敏性皮肤炎的发病原理是相同的，也

有孩童同时拥有两种症状。

为了克服过敏性皮肤炎，改变生活习惯就变得很重要。要将食物换成有利于我们身体健康的杂粮饭配蔬菜、味噌汤为主，尽量让生活更加亲近自然。但改变生活并不是一件容易的事情，想改变生活，首先要改变"思想"，而问题就在于思想并不是轻易就可以改变的。

战胜过敏性皮肤炎所带来痛苦的过程并不容易，但是与大自然的水、阳光、风一起，以亲近自然的生活方式战胜过敏性皮肤炎，就可以看到"新生活"的方向。

(POINT) 过敏性皮肤炎三大迷思

过敏性皮肤炎会传染

过敏性皮肤炎的症状会出现发痒、发疹、流脓水等现象，因此无法掩藏起来，所以周围的人会担心被传染，但这全是"误解"。从患者身上流出的脓水，大部分是让患者体内的垃圾排出体外，并不会传染。

过敏性皮肤炎会遗传

即使父母是过敏性皮肤炎患者，也可以通过自然健康法让父母与孩子找回健康。过敏性皮肤炎是否会遗传并不重要，重要的是有"经验"证明，通过自然健康法可以弱化其遗传性。

喝牛奶能够根治

对食品的反应往往比起其他的抗原来得慢，所以只吃过一次并不容易下定论，最好的方法是定下两周以上的时间，吃某种食物并观察反应。

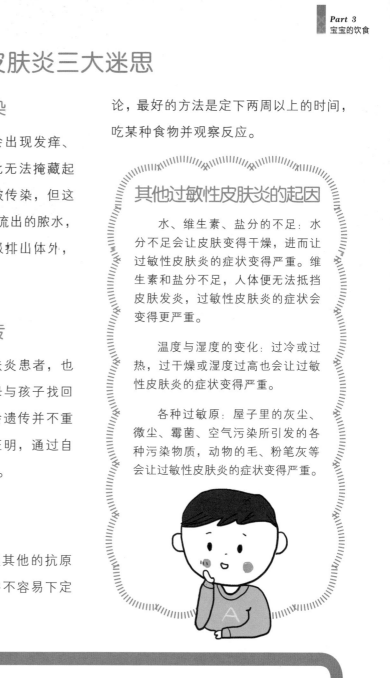

其他过敏性皮肤炎的起因

水、维生素、盐分的不足：水分不足会让皮肤变得干燥，进而让过敏性皮肤炎的症状变得严重。维生素和盐分不足，人体便无法抵挡皮肤发炎，过敏性皮肤炎的症状会变得更严重。

温度与湿度的变化：过冷或过热，过干燥或湿度过高也会让过敏性皮肤炎的症状变得严重。

各种过敏原：屋子里的灰尘、微尘、霉菌、空气污染所引发的各种污染物质，动物的毛、粉笔灰等会让过敏性皮肤炎的症状变得严重。

给爸妈的建议

人体小知识

皮肤与身体的其他部位相比，是比较勤劳的器官。胃、肝脏、肺、心脏等内脏都有自己固定的作用。但是皮肤具有排泄作用、呼吸作用、吸收作用、保护作用、杀菌作用等"综合性作用"，是让人体更加健康的"全面性"器官。

蔬菜的抗过敏力

健康的身体从饮食开始

蔬菜与过敏性皮肤炎有着密切关联。过敏性皮肤患者只要摄取足够的蔬菜并在良好消化的情形下，其复原的时间会比其他患者要快。

营养的蔬菜

蔬菜中富含维生素、纤维素、矿物质和各种酶。所以食用大量的蔬菜会让细胞更加健康，损伤的皮肤恢复得也更快。而且，充分摄取蔬菜有利于体内垃圾的排出，促进新陈代谢，净化体液。其结果是人体的抵抗力会提高，因此我们应摄取充分的蔬菜。

蔬菜中含有丰富的纤维质。纤维质不仅可以促进排便，也能够吸收人体内残留的水银、重金属，使其排出体外。纤维质还能通过降低胆固醇数值，抑制活性氧气的产生，来预防动脉硬化、心脏病、高血压、癌等难治的疾病。

如果过敏性皮肤炎患者摄取的蔬菜不充分，就会反复出现便秘和腹泻的症状。这会降低人体的免疫力，进而让治疗时间变得更长；不仅如此，还会导致脂肪不容易分解，身体出现炎症也不容易治愈。很多人因为担心蔬菜污染严重，因此服用维生素锭或者喝含有纤维质的饮料。但是，通过蔬菜来摄取维生素、矿物质和纤维质才是最好的方法。如果担心农药，可选购有机认证的蔬菜。

水的抗过敏功效

过敏性皮肤炎患者经常出现炎症，也很容易轻微发烧。发烧时人体会消耗更多的水分，加上过敏性皮肤炎患者体内大多数细胞吸收水分的能力变低，皮肤很容易干燥，所以过敏性皮肤炎患者要通过多喝水来补充体内的水分。在治疗过程中，我们也观察到多喝水的孩子痊愈的时间也更快。

人体的水分

体内70%的水分具有生产、调节、循环、同化、排泄等作用，它们让人体的新陈代谢更加通畅。水的化学式是H_2O，这是将蒸馏水烧开后产生的水蒸气装在烧杯后冷却而成的。但是自然水（即生水）除了氢气和氧气外，还含有大量的镁、钙、钾、铁、磷等各种对人体有益的矿物质。

宝宝该喝多少水？

不同体重对应的计算公式

1~10千克：100毫升×宝宝的体重（千克）= 每日饮水量

11~20千克：100毫升×10 +50毫升×宝宝的体重个位数（千克）= 每日饮水量

21~30千克：100毫升×10 +50毫升×10+20毫升×宝宝的体重个位数（千克）= 每日饮水量

给爸妈的建议

如何把蔬菜清洗干净？

1. 在准备好的水中放入适量的醋和炒过的盐。

2. 将准备好的蔬菜放入水中浸泡20~30分钟。

3. 打开水龙头，在水流中将蔬菜冲洗数次。

4. 用自来水冲洗过后，沥干水分。

蔬菜汁的疗效

最有效摄取蔬菜中营养物质的方法就是喝蔬菜汁

蔬菜中含有维生素、矿物质、碳水化合物、脂肪和蛋白质以及丰富的各种酶。这样充沛的营养价值可以使人体更健康，过敏性的症状自然能够快速疗愈。

蔬菜对人体的绝佳益处

维生素和矿物质是必需营养素，它们能够促进碳水化合物、脂肪和蛋白质的代谢。生蔬菜中包含了丰富的维生素 A、B 族维生素、维生素 C 等人体所必需的维生素，同时也含有钙、磷、钠、镁、钾、铁、锰、碘等矿物质，能帮助调节血压并维持体液的均衡。蔬菜中含有这些丰富的矿物质，可以让变异的细胞组织重新找回活力。

蔬菜汁可以让人体更容易吸收维生素和矿物质，防止营养流失。过敏性皮肤炎患者喝了蔬菜汁，可以通过蔬菜汁中含有的维生素和矿物质、酶的作用来净化血液、畅通血液循环、促进细胞生长，这有助于治疗过敏性皮肤炎。

现代人的主食多是白米饭、面粉、加工食品、肉类和鸡蛋等，这些都是典型的酸性食物。蔬菜大部分都是碱性，所以多吃蔬菜可以中和体液，维持弱碱性。钙可以中和人体产生的酸性物质，维持体液的均衡。而多喝蔬菜汁可以保证得到充分的钙质。体液得到中和可以让人的情绪变得稳定，情绪的稳定又可以进一步帮助过敏性皮肤炎的治疗。

蔬菜汁是人体小尖兵

在脂肪分解过程中产生的过氧化脂肪过多，就会破坏正常的细胞，成为疾病的病因。蔬菜汁中包含的维生素C、维生素E、果胶等，可以分解包括过氧化脂肪在内的人体内的有毒物质，保护人体不会罹患疾病。

一份研究资料显示，过敏性皮肤炎患者比正常人更容易罹患各种难缠的疾病。当过敏性皮肤炎患者在执行自然健康法时，喝充足的蔬菜汁能有助于预防其他各种疾病。

蔬菜汁保健肠胃

蔬菜汁可以让肠壁更加健康，防止出现便秘或者腹泻的症状。没有便秘和腹泻，可以提高过敏性皮肤炎患者的营养吸收率，帮助治疗过敏性皮肤炎。

血液得到净化，细胞就能够获得充分的氧气和营养。只有细胞健康，没有坏血病，才能提高对细菌和病毒等外部侵入物的抵抗力。

制作蔬菜汁

1. 准备五样以上蔬菜，洗净后沥干，再用果汁机榨成汁。

2. 将打好的糊状物放到纱布上过滤。

注意事项一：在蔬菜汁中加入20%左右的西瓜等水果榨成的汁会更好喝。

注意事项二：给孩童蔬菜汁，每次不超过100毫升，如果喝完出现腹泻的话就要立即停止。

给爸妈的建议

多样化的蔬菜

食用蔬菜时，最好一次吃五种以上，将根茎类和叶菜类的蔬菜加在一起，尽可能不要只吃同一种颜色的蔬菜，尽量让绿色、白色、黄色、红色、黑色的蔬菜吸收均匀。

宝宝的喝水习惯

最天然、健康的饮料
非白开水莫属

宝宝的饮水习惯，必须仰赖家长带头示范，从小灌输"渴了就喝"、"想喝就喝"的原则，如果宝宝不爱喝水，家长可以通过小游戏让孩子养成正确的饮水习惯。

含糖饮料容易造成身体的负担

有些爸妈会泡糖水让宝宝饮用，一方面认为甜食具安抚作用，同时增加成长的速度；另外也有少数诊所会附赠糖粉、糖水给家属，这些都是未被修正的错误观念。多喝甜饮造成的快速成长其实是虚胖，婴幼儿的味觉天生纯净，从小避免让孩子接触过多添加物，孩子的味觉就会习惯食物的原味，添加物虽然会让食物口感变得丰富，孩子却会因此养成不当的饮食习惯，加重身体的负担。

喝自己煮的白开水

瓶装水的水质有无经过彻底消毒，装填过程中是否曾受污染，这些都是无从得知的不确定因素，倒不如让孩子饮用自家煮沸后放凉的白开水，才能喝的安全又放心。

另一个大家很容易忽略的重点——有时出门在外会贪图方便，使用公用饮水机，但却不清楚水质是否干净、出水孔多久清洗一次（其实家中饮水机出水口也要清洗，曾有染沙门氏菌造成肠胃炎住院及其他致病细菌造成住院的报告），无形中也会让细菌吃下肚的概率大增。至于时常饮用运动饮料、泡沫红茶、汽水等，对宝宝来说都是多余的糖分摄取，还要担心是否添加防腐剂、香料等化学物质会增加婴幼儿肾脏的负担，倒不如喝些白开水或少量自制的现榨果汁，比较能兼顾卫生和健康。

什么是水中毒？

水中毒是指喝了过量的水，因宝宝肾脏功能未臻成熟导致水分排出慢而蓄积体内，稀释体内以钠离子为主的盐分浓度。当钠离子浓度低于孩子身体能耐受的限度，情绪会显得躁郁不安或转为倦怠嗜睡，甚至因此抽搐。

水中毒又称"低血钠症"，倘若饮水过量却未注意肾脏功能未成熟，排出的尿相对不足，此时血液含的盐分会被稀释，当血中电解质低于身体可耐受的程度，便会引发抽筋、恶心、头晕、意识模糊等症状，所以多喝水固然健康，但还是适量最好。

宝宝的补水时机

运动过后：身体会流失大量水分，体内的盐分、矿物质跟着减少。此时可以让孩子喝些水或运动饮料。

中暑：若发生中暑，开始会因为高温炎热而哭闹不休，也可能反映在身体的热无法排出，还可能伴随有无法排汗、皮肤又红又烫、呼吸加速、感觉头晕而昏沉，严重时甚至会失去意识。

腹泻：无论是细菌感染或病毒造成的腹泻，严重时都可能造成体液大量流失，甚至引发脱水。

发高烧：体温超过38℃就算发高烧，此时因为体温升高所以水分散失速度快，多补充水分可以帮助身体降低毒素浓度、促进代谢、改善循环状况。

给爸妈的建议

水分有助于粪便形成

宝宝有便秘的困扰，光是补充纤维质还不够，因为纤维质是形成粪便的原料，有原料但水分摄取不足，就会造成粪便干硬、难解便的情况。

假设宝宝经常便秘，爸妈可以多让孩子补充一些蔬果、水分或尝试给他们食用黑枣汁、优酪乳、酸奶，再加上适度的运动，对排便顺畅都很有帮助。

白米

每100克
130 卡

每50克
65 卡

白米的营养价值高，含有糖类、B族维生素、磷、钙和钾等营养素。

小饭团

食材的 营养

口感清甜好消化
大人小孩都喜爱

白米中所含的维生素B$_1$可以帮助糖类代谢，而膳食纤维则可帮助将肠内的胆汁排出体外，有助于促进宝宝的消化。

烹调的 要点

避免用铝好健康
开锅香味扑鼻来

一般家庭中习惯用电饭锅烹煮白米，煮食白米时最好避免使用铝锅，以免摄取过多的铝，影响宝宝智力。

对身体的 功效

熬粥鲜美好美味
宝宝吃了最开心

白米因为方便消化且营养丰富，常常是宝宝三餐的首选。秋冬季节来临时，宝宝易患感冒，此时可将白米煮成热粥，不仅有助发汗、散热，还可增进食欲。

材料：

白饭150克
豆皮1块
卷心菜50克
鸡蛋1个
油5毫升

制作方法：

1. 卷心菜取嫩叶，洗净切丝；豆皮切丝；取小碗，打入鸡蛋搅拌均匀。

2. 取平底锅，加油热锅，放入蛋液炒成碎蛋，加入卷心菜、豆皮一起炒熟、炒香。

3. 放入白饭一起拌炒至粒粒分明，取饭团模型，压好塑形成宝宝喜欢的样子即可盛盘食用。

小提醒：

卷心菜具备天然的鲜甜味，妈妈不用在拌炒过程中额外添加调味料；豆皮及鸡蛋经过拌炒后，会散发浓郁的香气，非常增进食欲。

牛肉饭

板栗鸡肉饭

材料：

牛肉末15克
胡萝卜10克
洋葱20克
黑芝麻5克
软饭60克
油5毫升

制作方法：

1. 将胡萝卜洗净、去皮，切小丁；洋葱洗净，切小丁备用。

2. 热油锅，放入洋葱、牛肉末、胡萝卜翻炒，待牛肉快熟时，加入软饭，等收汁后即可盛盘。

3. 将黑芝麻撒在炒好的菜上即可。

小提醒：

　　牛肉含有丰富的蛋白质，其氨基酸的组成比猪肉的更接近人体需要，能提升抵抗力，对生长发育的孩子特别有益，还能提供宝宝所需的锌，有强化免疫系统的功能，同时也是皮肤、骨骼和毛发的营养来源。

材料：

白饭150克
青菜30克
板栗5颗
鸡胸肉30克

制作方法：

1. 青菜洗净、切丝；板栗蒸熟后切末；鸡胸肉烫熟、去血水后，切成碎末。

2. 起水锅，放入白饭、板栗一起熬煮至入味，放入青菜、鸡胸肉一起煮至青菜熟透。

3. 待米粥煮至熟烂即可起锅食用。

小提醒：

　　板栗含有极高的营养价值，包含蛋白质、脂肪、维生素、胡萝卜素、钙、铁以及钾等营养素，对宝宝的健康非常有益。

金枪鱼饭团

材料：

白饭150克
青菜30克
鸡蛋1个
水煮金枪鱼20克
油5毫升

制作方法：

1. 青菜洗净，切段；取小碗，打入鸡蛋，用筷子搅拌均匀成蛋液。

2. 取平底锅，加油热锅，放入蛋液，炒成碎蛋，放入青菜以及金枪鱼一起炒熟、炒香。

3. 最后放入白饭一起拌炒至粒粒分明，取饭团模型，压好塑形成宝宝喜欢的样子即可盛盘食用。

小提醒：

　　妈妈手边若没有饭团模型，也可以利用其他模型来塑形，但要小心模型的温度上限，以免食物过烫导致毒素溶出，反而对宝宝的健康不利。

鲜肉油菜饭

材料：

白饭150克
猪肉末30克
油菜40克
高汤150毫升

制作方法：

1. 猪肉取无脂肪的部分，剁碎备用。

2. 油菜洗净，切碎。

3. 锅里倒入高汤及白饭煮沸，再放入猪肉末，用大火稍煮片刻，再改用小火继续熬煮。

4. 待肉末全熟后，放入油菜末搅拌均匀，待汤汁稍收干即可盛盘食用。

小提醒：

　　猪肉能够提供身体所需的蛋白质、脂肪、维生素及矿物质，以修复身体组织、加强免疫力、保护器官功能，而油菜具有强化胃肠的功效，两者对宝宝都是很好的食材。

黑芝麻拌饭

材料：

白饭150克
南瓜40克
菠菜30克
豌豆15克
黑芝麻5克

制作方法：

1. 南瓜去皮、去籽，切小丁备用。

2. 菠菜洗净、汆烫后，磨碎备用；豌豆汆烫后，去皮、磨碎。

3. 黑芝麻磨成粉状备用。

4. 起水锅，加入南瓜、菠菜、豌豆熬煮片刻，再放入黑芝麻粉和白饭，煮至入味即可盛盘食用。

小提醒：

　　黑芝麻中的蛋黄素很多，能促进体内新陈代谢，有助于脂肪运动，同时还含有亚麻酸和维生素E，此两者共存，可防止亚麻酸易氧化的缺点，可适用于身体虚弱、出现大便燥结等症状的宝宝。

牡蛎营养饭

材料：

白饭150克
牡蛎30克
胡萝卜30克
洋葱30克
菠菜30克
水淀粉5毫升
油5毫升

制作方法：

1. 牡蛎彻底清洗干净，切成小丁状。

2. 洋葱、胡萝卜去皮后，切丁备用；菠菜焯烫后，切成细碎状。

3. 取平底锅，加油热锅，先炒胡萝卜、洋葱和菠菜，待蔬菜香气传出后，放入牡蛎、白饭拌炒熟透。

4. 最后加入水淀粉拌匀即可起锅食用。

扫一扫，
轻松学会
宝宝最爱
幼儿餐！

秋葵

每100克
104
卡

每50克
52
卡

利用秋葵切面的星形特性，吸引宝宝食用。

山药秋葵

食材的

营养

膳食纤维真丰富
促进消化好健康

秋葵含有丰富的膳食纤维、果胶等营养，对于宝宝的消化非常有帮助，还能改善胃炎、胃溃疡，并具备保护皮肤和胃黏膜的功效，是很适合宝宝食用的蔬菜。

烹调的

要点

存放温度须得宜
避免营养全流失

秋葵若是存放在温度较高的环境，其果皮、果肉组织容易快速老化、黄化及腐败，最好储存于7~10℃的环境中，可以拥有约10天的储存期。另外，不可将碎冰直接撒在秋葵上面，否则容易产生斑点。

对身体的

功效

皮肤白皙好帮手
大量提升免疫力

秋葵含有锌等微量元素，可以增强人体的免疫力，加上含有丰富维生素C和可溶性纤维，不仅对皮肤具有保健作用，还能使皮肤美白、细嫩。

材料：

山药50克
秋葵100克
高汤5碗

制作方法：

1. 山药洗净后，去皮、切丁，放置一旁备用；秋葵洗净后，去头尾较坚硬、较难咀嚼的部分，切星状斜片备用。

2. 取一锅，放入高汤与山药熬煮至软嫩，再放入秋葵一起熬煮。

3. 待秋葵煮至熟透即可起锅食用。

小提醒：

山药的营养价值高，柔软又容易消化，其中含有大量的蛋白质、各种维生素、糖类和有益的微量元素等，可刺激和调节免疫系统，进而增强宝宝的免疫能力。

秋葵炒虾仁

材料：

秋葵50克
虾仁50克
油5毫升

制作方法：

1. 秋葵洗净、去头尾，切成斜片；虾仁洗净好，彻底去除肠泥。

2. 取平底锅，加油热锅，放入虾仁煎至熟透，待香气传出后放入秋葵一起拌炒至熟透。

3. 秋葵炒熟后即可起锅。

扫一扫，
轻松学会
宝宝最爱
幼儿餐！

豆腐秋葵糙米粥

材料：

白米饭75克
糙米饭75克
嫩豆腐50克
秋葵40克
高汤750毫升

制作方法：

1. 豆腐捣碎备用；秋葵洗净、去头尾，再切成小片备用。

2. 取一锅，放入白米饭、糙米饭以及高汤一起熬煮成米粥。

3. 待米粥熟烂后，放入豆腐和秋葵继续熬煮至食材软烂即可盛盘食用。

小提醒：

　　豆腐营养价值高，是降低孩子酸性体质的碱性食品，而且味道鲜美、易消化，尤其适合身体虚弱、体型瘦小的孩子食用。

丝瓜

每100克
17
卡

每50克
8.5
卡

丝瓜约有 95% 都是水分，因此热量极低，所含营养素包括碳水化合物、维生素 A、维生素 B_1、维生素 B_2 以及维生素 C 等。

食材的营养

软质丝瓜水分多 搭配食材好可口

宝宝补充蔬菜瓜果，软质的丝瓜是理想选择，另可搭配冬瓜、茄子及叶菜类嫩叶等一起料理，全面补充营养不流失。

烹调的要点

丝瓜煮熟不刺激 大人小孩都爱吃

丝瓜虽然水分丰富，但性寒，体质燥热者建议适量食用，但体质虚寒或胃功能不佳者，最好少食，以免造成肠胃不适。且丝瓜宜烹煮熟透后再食用，以防所含的植物黏液及木胶质刺激肠胃。

对身体的功效

天然美容好食材 止咳化痰降火气

夏季食用丝瓜有助清热消暑、降火气，而丝瓜中的皂甘还具备止咳化痰的作用。另外，所含丰富的维生素C，可以去斑、美白，可说是天然的美容营养品。

清蒸鸡汁丝瓜

材料：

丝瓜80克
红椒20克
鸡高汤450毫升

制作方法：

1. 丝瓜去皮、切段后，再切成片放入大碗中；红椒切丝，放在丝瓜上。

2. 加入鸡高汤一起蒸煮20分钟。

3. 待丝瓜熬煮软嫩即可起锅食用。

小提醒：

很多宝宝不喜欢红椒的味道，可用丝瓜的香甜来柔化红椒的独特气味，让不喜欢红椒的宝宝改变口味。

三鲜丝瓜汤

金针丝瓜

材料：

虾仁20克
蟹脚20克
鲜干贝1个
丝 瓜150克
盐5克
油5毫升
姜丝适量

制作方法：

1. 将丝瓜洗净、去皮，切
   成小块；虾仁洗净、挑
   去肠泥，开背；干贝洗
   净，切小丁。

2. 锅中放入少许油，炒香姜
   丝，放入虾仁、蟹脚、干
   贝，翻炒一会，加入丝
   瓜、适量水，盖过食材，
   等丝瓜熟软后，加入盐调
   味即可盛盘。

材料：

丝瓜150克
金针菇40克
虾皮5克

制作方法：

1. 将丝瓜去皮、洗净后，
   切小块；金针菇洗净，
   切小段。

2. 起水锅，放入丝瓜、
   虾皮一起熬煮，等到丝
   瓜软烂后，加入金针菇
   熬煮至熟烂即可起锅。

小提醒：

　　丝瓜水分丰富，宜现切现做，
不仅口味新鲜，口感极佳，还能避免
营养成分随汁液流失，造成浪费的情
况。金针菇宜切成小段，再做成料理
给宝宝食用，以免造成消化不良。

西红柿

每100克 **17.7** 卡
每50克 **8.85** 卡

西红柿的营养价值很高，含有维生素A、B族维生素、维生素C、类胡萝卜素、磷、铁、钾等营养素，还含有丰富的茄红素。

食材的 营养

充满健康茄红素
口感酸甜好诱人

西红柿中的茄红素是一种抗氧化剂，有助于延缓细胞衰败；所含的类胡萝卜素、维生素C则可以增强血管功能、维持宝宝皮肤的健康。

烹调的 要点

大火快炒香味浓
留住营养好健康

西红柿在烹煮时，最好以大火快炒，以免维生素遭到高温的破坏，流失该有的营养价值。

对身体的 功效

纤维丰富助消化
活化宝宝脑细胞

西红柿的纤维质含量极高，对宝宝的肠胃消化很有帮助，另外，还含有大量天然氨基酸，可以活化脑细胞，对宝宝十分有益。

鸡肉番茄酱面

材料：

面条50克
西红柿50克
鸡肉50克
芹菜15克

制作方法：

1. 起水锅，放入面条煮至熟透，捞起后盛盘备用。

2. 西红柿洗净后，去蒂头、切小块；芹菜洗净后，起水锅焯烫，切末备用；鸡肉洗净后，汆烫去血水，再切小块备用。

3. 取平底锅，放入西红柿熬煮至熟烂后，再下鸡肉拌炒入味。

4. 最后放入芹菜末拌炒均匀，铺在已盛盘的面条上即可食用。

小提醒：

鸡肉可选用去骨的鸡胸肉，汆烫去血水之后，再切成小块，以免鸡肉末与血水、杂质混在一起，难以区分。

西红柿炖豆腐

材料：

西红柿100克
豆腐50克
豌豆30克

制作方法：

1. 西红柿洗净后，去蒂头、切片；豆腐切成块状备用；豌豆洗净后，盛盘备用。

2. 取平底锅，放入西红柿煸炒至汤汁状。

3. 放入豆腐和豌豆，加入适量水，大火烧开后，转至小火慢炖10分钟，汤汁收干即可。

小提醒：

吃豆腐有利于宝宝补充蛋白质，提高自身的免疫力，避免因消耗营养而使免疫功能下降，导致疾病产生。

西红柿芙蓉

材料：

豆包1片
西红柿100克
芹菜10克
油5毫升
白糖2克

制作方法：

1. 西红柿洗净后去蒂头，切小块；芹菜洗净、切末后，烫熟备用。

2. 取平底锅，加油热锅，放入豆包煎香后，取出切小块。

3. 西红柿放入原锅，熬煮至熟烂，下白糖拌炒均匀，放入豆包来回翻炒，使西红柿酱汁均匀沾附表面。

4. 起锅前撒上芹菜末，略微拌炒即可起锅食用。

小提醒：

西红柿的营养素很丰富，每天吃两个西红柿，就可以满足成人体内一日的维生素C所需。

鸡肉

每100克
104卡

每50克
52卡

鸡肉富含维生素B$_1$、维生素B$_2$，同时能温润身体、促进代谢。

食材的营养
鲜美可口好消化

鸡肉脂肪含量低，且为不饱和脂肪酸，为小儿、中老年人、心血管疾病患者、病中病后虚弱者理想的蛋白质食品。

烹调的要点
留皮烹饪锁营养

应该在烹饪后才将鸡肉去皮，这样不仅可减少脂肪摄入，还保证了鸡肉味道的鲜美。

对身体的功效
促进生长功效多

鸡肉的消化率高，易被人体吸收，有增强体力、强壮身体的作用。另外，在促进儿童智力发育方面，更是有较好的作用。

杂炒鸡丁

材料：

鸡肉丁250克
腰果适量
青豆适量
胡萝卜丁适量
蛋液适量
油适量
盐适量
生粉适量
玉米粉水适量
高汤适量

制作方法：

1. 青豆洗净；鸡肉丁加少许盐、蛋液和生粉拌匀，腌渍片刻。

2. 锅内放入油烧热，分别倒入腰果和鸡丁过油，捞出，沥干油备用。

3. 油锅烧热，放入胡萝卜丁略炒，加入高汤和鸡肉丁，煮2分钟，再放入青豆和腰果，并用玉米粉水勾芡即可。

扫一扫，轻松学会宝宝最爱幼儿餐！

鸡肉酱卷心菜

材料：

鸡胸肉50克
卷心菜30克
胡萝卜10克
豌豆5粒
小鳀鱼汤50毫升
水淀粉15毫升

制作方法：

1. 鸡胸肉煮熟，剁碎；卷心菜切细。

2. 胡萝卜去皮，剁碎；豌豆煮熟后去皮。

3. 锅中放进小鳀鱼汤，再放进卷心菜和胡萝卜熬煮，最后再放入煮熟的碎鸡肉、豌豆和水淀粉即可。

鸡肉炒饭

材料：

白饭50克
鸡胸肉20克
洋葱5克
胡萝卜5克
鲜香菇1朵
奶油少许

制作方法：

1. 鸡肉拿掉脂肪和筋，洗净、剁碎备用。

2. 洋葱、胡萝卜、生香菇洗净，切碎。

3. 在锅内放入奶油，温热后加入鸡肉、洋葱、胡萝卜和鲜香菇一起拌炒。

4. 等鸡肉变色、炒熟后，加入白饭，加入少许水再炒片刻即可。

小提醒：

经过冷冻或低温保存过的鸡肉，煮熟后不易去筋，建议在新鲜状态下，先行去筋及脂肪。

胡萝卜

每100克
38
卡

每50克
19
卡

纤维素高，可减少便秘，并提升免疫功能。

胡萝卜炒蛋

食材的 营养

鲜美清甜营养高
水分丰沛好顺口

胡萝卜富含蛋白质、脂肪、碳水化合物、维生素B_1、维生素B_2、维生素B_6、维生素C以及胡萝卜素等。

烹调的 要点

熟食美味营养全
大火快炒滋味佳

胡萝卜可生吃及熟吃，其富含的维生素A为脂溶性的，很容易吸收，但建议熟食。

对身体的 功效

促进生长好发育
肠道蠕动极顺畅

有补肝明目、加强肠道的蠕动、帮助细胞增殖、强健骨骼的作用，对促进婴幼儿的生长发育具有重要功效。

材料：

胡萝卜20克
鸡蛋1个
葱花适量
食用油适量
盐适量

制作方法：

1. 将鸡蛋放入碗中打散，入热油锅中，煎成蛋花块，盛出备用。

2. 胡萝卜洗净、去皮，切丁，放入热油锅中，炒熟软，再加入蛋花块翻炒，并加入少许盐调味，撒入葱花即可。

小提醒：

胡萝卜的外皮富含胡萝卜素，很多人喜欢把皮削去，这样一来，胡萝卜素就浪费掉了。

油菜雪白菇

材料：

油菜80克
胡萝卜30克
雪白菇45克
蒜末少许
油少许
盐少许

制作方法：

1. 将油菜洗净、去尾，切成小段；胡萝卜洗净、去皮，切丝；雪白菇洗净、去尾，切小段。

2. 热锅后放入少许油，炒香蒜末后，先放入油菜茎、胡萝卜、雪白菇，翻炒后放入油菜叶，起锅前加入盐调味即可。

培根彩蔬

材料：

培根30克
豌豆仁25克
玉米粒15克
胡萝卜25克
雪白菇45克
盐少许
油少许
白糖少许

制作方法：

1. 将胡萝卜洗净、去皮，切成小丁；雪白菇洗净、去尾，切小段；培根切小片。

2. 热锅中放入少量油，以小火炒出培根香味后，放入胡萝卜、雪白菇，翻炒一会，加入少量水、盐、白糖调味，再加入豌豆仁、玉米粒，炒熟后即可成盘。

土豆

每100克
76
卡

每50克
38
卡

主要成分为淀粉，含丰富的维生素C，在欧洲被称为"大地的苹果"。

土豆金枪鱼蒸蛋

食材的 营养
作为主食口感佳 当成配菜好美味

同为主食类的土豆，营养成分却比白饭高，它含有丰富的膳食纤维、维生素C、B族维生素，以及钾、钙、磷、锌、铁等矿物质。

烹调的 要点
芽眼清除免中毒 禁买外皮已发芽

土豆要去皮，长芽眼的地方一定要挖除，以免中毒。切好的土豆不能长时间浸泡，否则会流失营养素。不要买外皮发青和发芽的土豆，以免龙葵素中毒。

对身体的 功效
膳食纤维含量高 帮助消化好健康

可保持血管弹性、降低血压，其所含膳食纤维可促进肠胃蠕动，有通便的功效。

材料：

水淀粉少许
奶油2克
蛋黄1个
金枪鱼肉20克
土豆20克
洋葱5克
葱花1克
海带汤200毫升

制作方法：

1. 清理好金枪鱼肉，切成5毫米大小；土豆、洋葱去皮后剁细碎。

2. 在锅中放入奶油加热，再放入洋葱、土豆翻炒一下。

3. 把蛋黄磨碎，用筛子筛一下，再加入炒好的土豆、洋葱及葱花、金枪鱼肉一起搅拌，最后加入海带汤和水淀粉拌匀即可。

小提醒：

金枪鱼含有对大脑有益的DHA，可活化脑神经，防止脑细胞衰老以及提高免疫力，让宝宝更加健康聪明。

牛肉土豆炒饭

材料：

白米饭20克
牛肉20克
土豆20克
鸡蛋半个
食用油少许

制作方法：

1. 牛肉剁碎；鸡蛋打散，
   煎成蛋皮，再切碎。

2. 土豆去皮，切小丁。

3. 加油热锅，将碎牛肉放
   进去炒，肉熟后再放入
   土豆拌炒。

4. 最后再放入白米饭，拌
   匀后放进煎蛋，一起拌
   炒即可完成。

小提醒：

　　牛肉含有丰富的铁质，可预防缺
铁性贫血；蛋白质、氨基酸、糖类因
容易被人体吸收，在宝宝生长发育阶
段非常适合。

蔬菜土豆饼

材料：

土豆20克
南瓜20克
胡萝卜20克
面粉15克
食用油少许

制作方法：

1. 土豆洗净，切小块，蒸熟后
   去皮，用研磨器磨碎。

2. 南瓜和胡萝卜洗净、去
   皮，切碎。

3. 碗中倒入土豆泥、面粉、
   南瓜末、胡萝卜末，调成
   面糊。

4. 平底锅加热，放少许
   油，油热后放入面糊，
   摊成饼，煎至两面金黄
   即完成。

小提醒：

　　表面没有伤疤和皱痕、浑圆厚实
的土豆才是上品。相反，那些长芽或外
皮变绿色、皱痕多、不光滑的土豆质量
不好，使用时，一定要将绿色部分及长
芽的部分挖除掉。

黑木耳

每100克
25
卡

每50克
12.5
卡

黑木耳含有多糖体，可增强身体免疫力。

食材的

营养

素中之荤极美味
营养价值好丰富

黑木耳富含蛋白质、矿物质、胶质，因此不但有"素中之荤、菜中之肉"的称号，更有人称它为"植物性燕窝"，具有很高的营养价值。

烹调的

要点

最佳料理好配角
胶质熬汤最适合

黑木耳没有特殊气味，因此不论是炒菜、煮汤、凉拌都很适合，并可任意搭配食材。在滋补养生方面，可将黑木耳加水熬煮出丰富胶质，就成为一道补血养颜的美味饮品了。

对身体的

功效

益于美颜好肤质
帮助消化促健康

富含膳食纤维，可以帮助肠胃蠕动，能有助于解决便秘症状，也有助于保护肠胃、美容养颜与强化免疫力。

木耳豆腐汤

材料：

板豆腐200克
水发黑木耳
50克
鸡汤适量
盐适量
葱丝适量

制作方法：

1. 水发黑木耳洗净，去杂质，切成小片；豆腐洗净，切成片。

2. 将豆腐与黑木耳，放入热水中，水滚后加入鸡汤、盐，再撒上葱丝即可食用。

小提醒：

黑木耳含有丰富的胶质，对人体消化系统有良好的清润、补气益智、润肺补脑作用。

木耳炒肉丝

材料：

水发黑木耳80克
猪瘦肉30克
枥瓜片20克
油适量
盐适量
姜片适量
生粉适量

制作方法：

1. 水发黑木耳洗净，切成小朵；猪瘦肉洗净，切片，加入少许盐、生粉，腌渍片刻。

2. 油锅烧热，倒入瘦肉片，炒至八分熟，取出。

3. 余油烧热，放入姜片、肉片、枥瓜片、木耳炒至熟，再用盐调味即可。

小提醒：

　　选购枥瓜，瓜身多毛、呈光泽的才是新鲜的瓜。枥瓜有助利尿，能消除身体积滞的水分。它还具有清热、清暑、解毒、消肿等功效，是炎热夏季的理想蔬菜。

木耳清蒸鳕鱼

材料：

黑木耳100克
鳕鱼300克
米酒适量
盐适量
白糖适量
姜片适量
葱段适量
油适量

制作方法：

1. 鳕鱼洗干净；黑木耳泡水，去杂质，洗干净，切成小碎片。

2. 把鳕鱼放入大盘中，加入姜片、葱段、米酒、白糖、油、盐，腌大约30分钟。

3. 把木耳碎片撒在鳕鱼上，放入蒸锅，用大火蒸20分钟即可。

小提醒：

　　烹煮黑木耳前，最好将其蒂头部分切除，并避免食用。

鸡蛋

每100克	142卡
每50克	71卡

鸡蛋丰富的卵磷脂可活化脑细胞，提升孩童的学习力。

鸡蛋南瓜面

食材的营养

鸡蛋又称营养库 囊括人类全需求

鸡蛋含有蛋白质、脂肪、卵黄素、B族维生素等营养素；蛋黄中含有维生素A，几乎涵盖人体所需的全部营养物质，故被称为"理想的营养库"。

烹调的要点

避免熬煮时间长 造成孩童消化差

水煮蛋是最常见的手法，若是烹煮时间不够，蛋黄尚未熟透；煮得过熟，蛋白、蛋黄都变硬，皆不利于孩童消化。

对身体的功效

健脑益智好食材 大人小孩都喜欢

鸡蛋中含有DHA和卵磷脂等，能健脑益智。鸡蛋中的维生素A能保护黏膜组织的完整并维持正常视觉；B族维生素则能参与糖类、脂质的代谢。

材料：

素面30克
鸡蛋1个
食用油少许
夏南瓜1小块
牛肉高汤或小鳀鱼汤100毫升

制作方法：

1. 鸡蛋打成蛋液，煎成蛋皮后切成细丝；夏南瓜切丝。

2. 热油锅，放入夏南瓜丝拌炒一下，备用。

3. 素面煮好后捞出，放入凉开水中浸泡一下，捞出沥干水分，盛入碗中。

4. 高汤煮沸，淋在面条上，再放上夏南瓜丝和鸡蛋丝即可。

小提醒：

夏南瓜生长快速、产量高、热量低，富含多种营养成分，是很适合宝宝食用的食材。

蛋包南瓜丁

鱼蛋饼

材料：

南瓜30克
鸡蛋1个
葱花少许
西蓝花适量
盐少许
油少许

制作方法：

1. 南瓜去皮，切小丁；西蓝花洗净，切小朵；鸡蛋打入碗中，加入少许油、盐和葱花，搅拌均匀。

2. 沸水中加入少许的盐，水煮西蓝花和南瓜丁，等西蓝花煮熟后先捞出备用，再捞出熟软的南瓜丁备用。

3. 蛋液放入热油锅中，煎成蛋皮，将南瓜丁铺在蛋皮上，盖上蛋皮，煎成半圆形的蛋包南瓜丁即可盛盘，再将西蓝花放入盘中作装饰即可。

材料：

鱼肉200克
鸡蛋1个
油适量
盐适量
番茄酱适量
葱末适量

制作方法：

1. 鱼肉去骨和刺，汆烫后去鱼皮、鱼刺，再将鱼肉压碎。

2. 将鸡蛋放入碗中打散，加入鱼肉、葱末、盐均匀搅拌。

3. 油锅预热约八分热，将鱼肉馅做成数个小饼，放入油锅中炸，起锅后沥干油，淋上番茄酱即可。

Part 4
宝宝的学习

爸妈应在各层面想办法
提升宝宝的素养

动感力
体操引发食欲

让吃饭成为有趣的事

宝宝到了这个阶段，可以吃的食材选择更多了，让宝宝在吃饭的过程中亲自体会动手的乐趣，并且主动对食物产生兴趣，可以从体操开始。

动手剥虾乐趣多

2~3岁的宝宝在吃饭的过程中，开始崭露想要亲自动手的意愿了，但是遇到虾、葡萄等需要特别处理的食材，往往需要爸妈的引导，借由"剥虾子舞"让宝宝了解自己吃的虾肉原来是需要剥壳的，同时，充满动感的体操动作也让宝宝认识虾在海底的活动方式。

1 跟着大触角挥挥手

小朋友比出胜利手势，像是虾的大触角一般，来回挥舞，并且蹲下、站起两次，模仿虾在海中移动的模样，在进行动作的过程中，记得念口诀："剥虾子壳！剥剥虾子壳！"小朋友要边念边做哦！

2 单脚向前踩

小朋友模仿"超级玛丽"的姿势，先抬起右脚再往前踩，这时，重心向前左脚会离地，接着左脚着地，小朋友再把右脚收回。

3 换脚向前踩

　　小朋友该让左脚也动一动啦！换左脚往前踩，重心向前而右脚离地，接下来右脚着地，左脚收回。

4 右手曲肘挡脸顿

　　小朋友左脚向外跨，往左腰部扭一扭，右手曲肘挡脸顿三下，再恢复原位。这时候记得复诵口诀："剥虾子壳！剥剥虾子壳！"

5 左手曲肘挡脸顿

　　换脚继续做！小朋友右脚向外跨，往右腰部扭一扭，左手曲肘挡脸顿三下，再恢复原位。记得还是要复诵："剥虾子壳！剥剥虾子壳！"

动感力
让孩子爱上洗澡

让孩子体会洗澡的美妙

爸妈们在家可能发现自家宝贝不爱洗澡，尤其到了沐浴时间，总是拖拖拉拉，老是黏在电视、玩具前面，怎样都不进浴室。如果彻底了解宝宝的想法就会发现，部分孩子觉得洗澡"太浪费时间了"，虽然可以玩水，但往往因为时间限制而无法尽兴。通过体操，让宝宝重新感受洗澡的乐趣！

宝宝洗澡乐趣多

借由重现洗澡的几个重要动作，让宝宝记住洗澡必需清洗的部位，并且借由体操的过程，让宝宝燃起对洗澡的兴趣。小朋友跟大人相比，皮肤比较娇嫩、细薄，每次到了冬天，都显得特别干燥，这时候，爸妈常常会为宝宝涂抹一些温和、较无刺激性的宝宝乳液来保护孩子的皮肤。因此，这套洗澡体操第二回合可增加涂抹乳液的动作，增添动作的趣味性。

1 摩擦手掌搓泡泡

小朋友伸出双手搓泡泡，微微弯腰往前倾，左手右手来回搓，让梦想的泡泡在手心里放大。

2 左手右手洗香香

左手伸直，右手从手掌至手臂上下搓洗；右手伸直，左手从手掌至手臂上下搓洗。动作重复3次。

3 大腿小腿洗白白

小朋友身体微微前倾，把手掌贴在大腿上，轻轻往小腿滑动，做完一次后，把手掌贴在大腿左右两侧，再次往小腿滑动。

4 毛巾刷背好舒服

小朋友双手握拳，一手在上，一手在下，模仿手握毛巾刷背的样子，来回洗刷刷共5次。

5 双掌贴屁股搓一搓

小朋友微弯身体，将左手掌、右手掌贴在屁股上，上下搓一搓。

6 冲去泡沫好凉快

两手握拳，由下往上举起，提起水冲凉好舒服。

7 皮肤抹乳液香香好舒服

第二次改为"擦乳液"，小朋友重复上述几个动作再做一遍。

给爸妈的贴心建议

复诵口诀宝宝好记忆

宝宝在进行洗澡体操的过程中，爸妈可在一旁提醒口诀，附上节奏感且简易好懂的句子，不但可以增加宝宝跳体操时的韵律感，还可以让宝宝记住洗澡时的基本步骤。跳完体操后，爸妈会发现，宝宝也会自己洗澡了。

动感力
腰背挺直好健康

预防宝宝驼背

很多人因为看书、看电视等姿势不良，常出现驼背的问题。良好的坐姿、站姿应从小培养，以下几个体操都可以改善宝贝的驼背问题。

驼背的征兆

宝宝长期身体向前蜷曲非但仪态不佳，还会危及健康，对内脏、呼吸、血液循环及肺活量等都有不好的影响，因此父母要随时纠正孩子的姿势，并且让宝宝多做肩颈舒展运动，才能将驼背屏除在宝宝以后的人生。要判断孩子是否驼背，可先让他站直，从侧边观察他的耳垂、肩膀、髋骨及脚踝是否呈一直线。

1 双手伸平握毛巾

小朋友挺直站立，用双手将毛巾拉平、抓好，两手向前伸直。

2 往后伸直拉毛巾

小朋友将毛巾移到背后拉直，挺直站立。

毛巾操

为了改正孩子驼背的坏习惯，特别设计了一套舞蹈与具备端正姿态功能并存的"毛巾操"，小朋友只要经常练习，仪态就会端正英挺，无需害怕身形不佳的问题。

1 握住毛巾两头

毛巾卷成条状，对折成一半，让毛巾两头对齐，呈 U 字状，小朋友伸出右手握住毛巾的两头。

2 右手咻咻转五圈

小朋友左手插腰，握住毛巾的右手由后往前转五圈。

3 左手咻咻转五圈

换手再来一次，小朋友右手插腰，握住毛巾的左手由后往前转五圈。

4 毛巾拉平，两手伸直

小朋友将毛巾拉平，两手伸直。

5 将毛巾高举过头

延续上一个动作，两手各握住毛巾一头，将毛巾高举过头，挺胸站立。

6 毛巾放至背后

小朋友双手往后，直到将毛巾放到背后。重复以上步骤三次即可完成整套体操。

用爸妈的毛巾枕做伸展运动

2~3岁的宝宝正值好动年龄，爸妈为了想跟上宝宝的脚步与速度，常常感到腰酸背痛。针对这个情况，本书用毛巾枕制订了一套体操动作，让爸妈不仅改善腰酸背痛的情况，还可以在宝宝做体操的时候与之同乐。

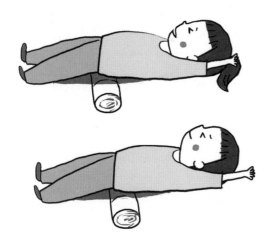

1 往前伸展

整个人平躺在地上，将毛巾卷垫在腰椎处，脚尖及双手尽量往前伸，6秒后再放松。

2 手脚上抬至微酸

整个人翻面卧倒在地上，下巴靠住毛巾枕，手、脚伸直往地面反方向抬高，5秒后再放松。

3 腋下夹住毛巾卷

盘腿坐在地上，两边腋下各夹一个毛巾卷，用力往后夹，10秒后再放松。

学习力
提高积极性

通过自由玩耍，得到亲身体验

幼儿到了两岁，步行已非常稳定。以步行为基础，奔跑、攀登、滑动、下降、穿越、紧握、悬挂等手脚的运动功能得到显著发展。

培养行动意愿

在这个时期，宝宝手脚的运动功能得到显著发展，通过自由玩耍，亲身体验，懂得游戏、玩耍的愉快。要让孩子自由触摸泥浆、沙土，体会丰富的创造与想象世界，在感受玩耍的愉快过程中，更深入地了解这个世界。幼儿随着语言能力的增加，在与朋友的对话交流中得到乐趣，增强了对事物的印象，想象力也随之扩展。

宝宝以步行为基础，奔跑、攀登、滑动、下降、穿越、紧握、悬挂等手脚的运动功能得到显著发展。在这个惊人的进步时期，让孩子自由地充分运动，通过各式各样的亲身体验，懂得游戏、玩耍的乐趣，逐渐培养想要自己行动的愿望与丰富的情感。

其实在这个时候，如果真的快要摔倒，宝宝也能潜意识地让自己坐下或用手支撑。因此，不仅是在平坦的道路上，还可以让孩子在路面起伏不平的广阔大自然中尽情游玩，进一步锻炼手、脚的运动能力。

学习力
友善地球

亲近动物，有助宝宝思维扩展体验

外出散步时会遇到各式各样的事情，这对宝宝来说，也是一种真切的体验。

与动物成为朋友

宝宝看到小猫、小狗，"啊！小猫！"立即过去抚摸。如果小猫跑了，就会拼命去追。也会用手指戳小猫的眼睛、扯胡须、用脚踏或者拉扯它的尾巴等。有时还会用脚踩蚂蚁，想把蚂蚁握入手中而不慎将它捏死；或是将小虫全部放入手中，握紧拳头捏死虫子等。在成人看来，这是非常残酷的行为，幼儿却是从这样多次反复的过程中学习如何与动物接触。

不需要立即告诫孩子"不准用脚踩"或"不能伤害它"，而是以启发的方式询问："小蚂蚁在做什么""小蚂蚁的家在哪里""小蚂蚁的朋友来了，它们在说什么呢"。这些问题都能扩展孩子的形象思维，让孩子认识到：小小的昆虫也有生命，它和我们同样也有行为，自然地养成不随便乱踩蚂蚁的习惯。也有些幼儿，一看到蚊子就叫："呀，虫子真可怕！"四处躲避，不敢与昆虫接触。其实这多半是因为爸妈怕虫而使得孩子也怕虫，这样很难让孩子体验到生命的宝贵。我们虽然会训斥孩子所做的残酷行动，但很少让孩子明白"为什么训斥"以及"他为什么被训斥"。

学习力
身教重于言教

大人们的影响扩展体验

　　大人们不要只单单照顾孩子，偶尔也可与幼儿一起进行心灵相通的游戏，还可以从幼儿那里学到许多有用的东西。

适当的游戏空间

　　孩了们在沙堆中不知不觉地就脱下鞋子打赤脚，将沙子撒在脚上；用手在沙中挖洞，在沙中翻滚，体验摸沙子的触感以及与沙子融为一体的愉快。这时候，只有两岁半的小芳在一旁茫然地观看，小芳觉得沙子进入鞋子里很不舒服，不喜欢沙子和污泥，一点也不想去碰它，如果手脚被弄脏，还会哭起来。

　　孩子中也有像小芳那样没有玩沙子的体验，对什么事都非常敏感、讨厌脏污的东西，这大多是受身边大人、母亲的语言和行为影响，特别是母亲过分地小心、担心、有洁癖，而影响到了小孩，使幼儿变得也有些神经质。如果过分溺爱小孩，只注意宝宝的安全，所有的事情都替宝宝做好，会使宝宝失去得到各种体验、经验的机会。所以，在游戏过程中过度地限制小孩"不准这样做""不准那样做"等，一切都要求小孩按照成人的意愿行动，会使孩子逐渐失去玩耍的欲望，心中时刻忐忑不安，以至于逐渐疏远游戏。因此，最好能让幼儿充分自由地游戏、玩耍。

学习力
学习的根本

注意力集中的方法

不管宝宝多聪明，只要注意力下降，就无法正常地发挥潜力。只有集中注意力，才能百分之百地发挥宝宝的潜力。

注意力的重要性

注意力是智力发育和有效学习不可或缺的能力之一。为了认知某个物品，宝宝必需先对这个物品产生好奇心，才能集中注意力。如果宝宝的注意力无法集中，就会导致各种问题的产生，甚至影响到求学阶段。例如小学期间注意力不集中，通常学习成绩就会比较差。因此，应该适当地刺激宝宝的大脑，同时要培养正确的生活习惯。

随着兴趣的不同，宝宝的注意力也不同。在达到一定年龄之前，大部分宝宝很难自觉地关心某一事物，但当他们对某一事物自然地产生兴趣时，就会表现出惊人的注意力，尤其是当晃动宝宝喜欢的玩具时，宝宝就会表现出高度集中的注意力。

正因如此，在学会说话之前，很多宝宝特别喜欢看画面快速变化的电视广告，或者注意聆听周围的各种声音。专家对宝宝集中注意力进行一种游戏的时间，制订了一套研究，对照结果显示，2岁宝宝能够持续玩27分钟，3岁宝宝则能持续玩50分钟。由此可见，面对自己感兴趣的事物，宝宝就能长时间集中注意力，而且在3岁以后，集中注意力的时间还会变得更长。

学习力
因材施教

挖掘孩子潜力的秘诀

所有的妈妈都希望自己的孩子具有特别的才能，希望他们能成为天才。天才是指某一项天赋才能很高的人，其中高智商的只有 3%。即使宝宝不属于天才，也可以通过提升宝宝的各种素质来挖掘出他们的潜力。

以宝宝的表现调整方式

为了挖掘宝宝的潜力，应该营造出能够让宝宝获得各种经验的环境，但也要抛弃一次教给宝宝很多知识的贪念，如果过于贪心，就会影响宝宝对学习的积极性。跟宝宝玩游戏或教授新知识时，应该耐心地等待，直到宝宝对游戏或新知识产生兴趣为止。另外，如果宝宝不喜欢，就应该适可而止，在日常生活中，最好在宝宝对学习产生迷恋时结束学习，这样才能激起宝宝再学习的欲望。

要想充分发挥宝宝天生的能力，就应该让宝宝保持良好的心态。另外，在学习新知识时，还应该让宝宝保持稳定的情绪。在日常生活中，应该营造出让宝宝感到舒适的环境，稳定宝宝的情绪。为了宝宝的未来，应该营造一个舒适而和谐的家庭氛围。

在日常生活中，应该经常刺激宝宝的好奇心，借此锻炼宝宝的探索能力，例如妈妈的手中藏着宝宝喜欢的玩具或饼干，然后对宝宝说："妈妈的手中有什么呢？"借此激起宝宝的好奇心。如果宝宝不感兴趣，可以先给宝宝看物体的一部分，激起他们的好奇心，只要宝宝对某些事情感兴趣，具有强烈的好奇心，就能发挥出学习的潜力。

城门

城门

鸡蛋糕

学习力
想象力是孩子的
超能力

创造力的萌芽

创造力是主宰 21 世纪发展的主要动力。一般来说，智商会受遗传的影响，但通过后天的努力和教育可以培养出创造力。

与宝宝的天马行空进行对话

创造力的概念来自英才研究，过去只有高智商的孩子才能叫天才，一般情况下，天才的智商超过130，而且仅占全人口的3％。然而近年来，随着天才研究的发展，修改了对天才的定义，研究结果显示，单纯智商较高的人对社会发展或自己的发展没有特别的影响。因此，智商超过115，而且创造力和集中力出色的人也能叫作天才。

在天才的定义中增加了创造力的要素，正因如此，创造力开始受到人们的关注。那么，什么是创造力呢？笼统地讲，创造力就是"与众不同的想法，与一般理念截然不同的想法"。创造力最重要的就是"求新"，因此每天都有不同的想法和行为，这就是创造力的典型表现。

具有创造力的人对每天接触的环境总有崭新的想法，他们也许对周围的环境富有强烈的好奇心，或许会提出："天空为什么是蓝的""人为什么分成男人和女人""天黑为什么太阳会下山"等问题。对周围的事物不感兴趣的人绝对成不了有创造力的人，在日常生活中，妈妈应该多关心宝宝们的奇思妙想，而且要即时给予适当的答案和鼓励。

学习力
好奇心的产生

创造力的开发

遇到问题时，具有创造力的人不逃避问题，也不会征求别人的帮助，而是想独自解决问题，这就叫自发性。

鼓励宝宝的好奇心

在解决问题的过程中，难免会遇到失败，但也可能得到新的灵感。具有创造力的人不仅对自己的问题很在意，而且对别人的问题也很关心，会积极地想出解决问题的方法。只有让宝宝拥有不求夸奖、不为报酬以及独自解决问题的态度，才能提高创造力。

独立性是指即使自己的灵感得不到别人的认可，也不会感到气馁的态度。在日常生活中，应该鼓励宝宝继续发展自己的灵感，使他们产生与众不同的灵感。另外，应该引导孩子打破常规，培养逆向思考的思维脉络。为解决一个问题锲而不舍、努力的勤勉性也是创造力的主要因素之一。在艰难而乏味的问题面前，如果宝宝表现出锲而不舍的毅力，就应该不断地给予鼓励；若是宝宝轻易地放弃所做的事情，则应该即时地给予帮助，慢慢培养宝宝的勤勉性。

一般情况之下，宝宝从出生至2岁期间是培养创造力的好时机，从3岁到6岁则是形成独立思考能力的最佳时期，为了培养出有创造力的宝宝，更应该重视幼儿期的教育。在这个时期，大部分宝宝通常都是在家里跟爸妈一起生活的，因此爸妈对孩子创造力的培养扮演相当重要的角色。

创造力的延续

在宝宝掌握了基本的语言、数量、逻辑、人际关系的基础上，引导宝宝进行发散性思维，创造力就是用新的方式解决问题，因此爸妈应该帮助宝宝用不同的方法思考问题。

一罪不二罚，一褒不二奖

在这个时期，孩子会表现得比较散漫，而且经常制造很多麻烦，尤其是好奇心强、创造力丰富的孩子更是如此。在任何状况下，父母都应该稳定心态，以平和的口吻对待孩子的行为，即使孩子的行为很让人生气，也应该尽量克制自己的情绪，帮助孩子培养自我意识和正确的信念。另外，要经常挖掘孩子的优点，当孩子犯错时，必须先寻找犯错的原因。批评孩子时只针对当时的错误，不要翻旧账。只有让孩子相信失败只是偶然，才能让孩子产生自信心，增加今后成功的机会。

当妈妈肯定孩子的行为时，孩子才会耐心地聆听妈妈的话，因此妈妈必须以平和、肯定的态度思考问题，尽量使用健康的字眼，跟孩子对话时，应该先给予肯定。例如，以"我知道你很努力……""很高兴你能独自完成这件事……"等方式，来认可孩子的想法和努力，褒扬正确的行为，然后再提出缺点和需要注意的问题，这也是跟孩子们对话的重要原则之一，因此要养成夸奖四次、再批评一次的习惯。另外，妈妈必须积极地接近孩子，留意他们的努力，并认可孩子的潜力。但是，不能重复夸奖曾经认可过的事情和行为。

学习力
自信心让孩子爱学习

成就感是最佳续航力

在日常生活中，应该让孩子体验获得成功的喜悦，借此让孩子逐渐形成自信。

协助宝宝找到成就所在

孩子们应该独自发现新事物，而且必须不断地学习，但他们不愿意学习不感兴趣的东西，因此一旦遇到不感兴趣的事情，就会想"做了也没什么好结果"，事先就感到失望甚至恐惧。在这种情况下，爸妈应该无条件地关心孩子，鼓励孩子集中注意力，拓宽思路，提高视觉能力，并开发创造力。

另外，在日常生活中，应该让孩子体验获得成功的喜悦，借此让孩子逐渐形成自信。刚开始，必须适当地控制学习量，使孩子可以轻松地完成学习内容，完成学习内容后，孩子会因此感到自豪。在日常生活中，应该制订孩子容易完成的计划，而且当孩子完成任务时，应给予实质的小奖励，如糖果、贴纸等。照顾孩子是非常辛苦的事情，因此妈妈应该正视自己的压力，借由散步、午觉等方式来消除。另外，照顾孩子并不是一种牺牲，而是对孩子的一种投资，在日常生活中，爸妈应该保持积极的人生态度，适当地容忍孩子的古怪行为，并且耐心地培养孩子。

如果孩子喜爱运动、喜欢实践或酷爱思考，就一定有自己感兴趣的领域，对孩子来说，最重要的就是拥有一个属于自己的自由活动空间。

爸妈有给孩子足够的尊重吗

生活力
维护孩子的自尊

爸妈常犯的一个错误，便是向他人抱怨孩子的坏习惯及问题，有时甚至在人前责骂小孩。要知道，孩子的心智日渐成长，自尊心会逐渐明显，不当的责骂或嘲笑，会使他们受伤。

专家来解说

爸妈将孩子的糗事、笑话互相分享，通常都不是心怀恶意，纯粹只想交换育儿心得，有时遇到小朋友抗议，还会认为孩子太小题大作，"这根本没什么大不了，怎么会想得那么严重"常是爸妈心中的想法，但真的是这样吗？

专家来解说

　　"你怎么每次都这样？不可以！"、"再不乖，就找警察伯伯来抓走你！"、"你很不乖耶！"这几项都是爸妈常用来责备孩子的话，虽然有时候爸妈只是在无奈时脱口而出。孩子做错事情的时候，爸妈应当纠正，但纠正的时机及地点非常重要，千万不要因为情绪的影响以及疏忽，在孩子的心灵上造成伤害！

不适当的责骂时机

(1) 在很多人面前

　　没有人喜欢当众被责骂，爸妈切勿认为孩子年纪小不懂得爱面子。心理学家弗洛伊德的著名论述"因自卑而自大"，正好说明了孩子在当众接受责骂的过程中，因为心理产生保护机制，而造成自尊心过于旺盛或是低落。无论自尊心太过强烈或低落对宝宝往后的发展而言都不是好事。

(2) 孩子惭愧的时候

　　当孩子已经觉得自己做不好、很惭愧的时候，若父母再得理不饶人，不但会使得孩子更加自责，也会对他往后的人生产生影响，造成他对自己的要求过高，容易成为完美主义者。

(3) 孩子入睡前

　　在孩子睡前责骂他，很可能会因为压力导致小朋友恶梦连连，尤其被责骂的失落感很容易进入浅意识，导致孩子的睡眠质量不好，这样一来，不仅影响亲子关系，孩子的学习力也可能下降。

(4) 孩子开心时

　　孩子的情绪相较成人，更容易高低起伏，若是爸妈在孩子高亢时猛泼冷水，容易造成孩子的情绪认知失调，不仅孩子无法接受，以后还可能变得喜怒无常。爸妈若有什么要教导的，不妨等孩子冷静下来，再诉之以理，才是较好的处理方式。

盲目称赞会宠坏孩子

很多家长都很关心要如何与孩子互动，常会以"凡事鼓励"的态度来称赞孩子，但这真的是对的吗？

专家来解说

随着社会风气的开明，家庭教育也有了转变，希望以鼓励代替责骂，建议爸妈多多称赞孩子，让他们更有自尊心及自信心。但其实，太泛滥及盲目的称赞反而会造成孩子的认知错误，爸妈应当避免。

给孩子的心理测验

小朋友，你认为发生以下情形，爸妈的反应会是什么？

(1) 如果帮忙做家务，爸妈的反应会是？

A：这件事做得很好，继续加油喔！

B：真是个乖孩子！

(2) 如果你学会数数，爸妈会说什么？

A：宝贝，你好努力，我很高兴喔！

B：真是太聪明了！

(3) 爸妈会采用什么方式鼓励你做家务？

A：你好棒！帮了我一个大忙！

B：如果你做家务，我就买玩具给你。

(4) 若是本来答应好要出游，不巧遇到下雨，爸妈会说什么？

A：我们都好失望喔，没关系，今天在家里找些好玩的事情！

B：我保证下次带你去！

(5) 若是你的玩具坏掉了，爸妈会说什么？

A：真是令人难过，下次要再小心一点喔。

B：这没什么大不了的，别哭了！

专家来解说

如果孩子大多选择A，表示爸妈的沟通方式是以支持、体谅以及解析为前提，属于较好的沟通方式。但若孩子多数选择B，则代表爸妈的教养方式应做适当调整。

爸妈有给孩子想要的爱吗

成长需要充足的爱，研究显示，在爸妈关爱中长大的孩子，不但人格较为健全，学习能力也较强。

专家来解说

孩子成长过程中，最需要爸妈给予几种爱的类型主要有几种？急切想知道答案的爸妈们，请赶快阅读下一页！另外，只要让家中宝贝回答本小节问题，便可以理解孩子对爱的需求是否被满足。

给孩子的心理测验

小朋友，你认为发生以下情形，爸妈的反应会是什么？

(1) 睡觉前爸妈通常会说什么？或做些什么？

    A：说床边故事，或聊天陪我入睡。

    B：一起入睡，不说话，或让我自己睡着。

专家来解说

    此题为"临睡之爱"的测验，根据研究显示，孩子临睡15分钟为浅眠期，若这个时候跟孩子展开亲密对话，较能进入他的潜意识。选择A，表示爸妈十分称职，已提供孩子所需，选择B，则表示孩子缺乏"临睡之爱"。

(2) 每天的穿着是如何挑选出来的？

    A：爸妈跟我一起选，或是我自己选出来的。

    B：爸妈准备好的。

专家来解说

    给孩子"尊重之爱"，有些爸妈觉得孩子年纪轻，什么都不明白，因此习惯为他们事事拿主意，这可能会养成孩子没有主见、个性懦弱的习性。爸妈应该从小事开始，习惯让孩子做决定，不但可以培养孩子的自主精神，还可以让他们觉得自己受到尊重而更加自主、自重。选择A，表示爸妈非常尊重孩子；选择B，则表示孩子缺乏"尊重之爱"。

(3) 爸妈会怎么面对孩子的表现、糗事或秘密？

    A：会好好跟我聊，弄清楚我的感受及想法。

    B：发生完就算了，不会主动跟我聊，有时还会把我的糗事跟别人说。

专家来解说

    "尊重之爱"是爸妈养育孩子必须付出的爱。孩子也有自尊心，从宝宝三岁开始最好给予隐私上的尊重，当孩子告诉爸妈自己的秘密或糗事，爸妈除了表示关心，解除孩子的疑惑，更要积极守密，不然孩子很容易感觉自己受嘲笑，容易造成性格上的扭曲。

孩子控制不了自己的坏情绪吗

孩子在成长的过程中，逐渐出现各种人格特质，这之中除了正面的情绪，当然也包含负面情绪，例如贪心、虚荣等。

专家来解说

过于强烈的负面情绪，有时连孩子都感到害怕。从童话故事的测验之中，爸妈可以得知孩子害怕哪一种负面情绪，因而更贴近孩子的内心世界。童话故事里的坏蛋角色，正是负面情绪的代表，故事的结尾都是善良的主角战胜邪恶的坏蛋，这个结局正好展示了正面能量通常会战胜负面情绪的事实。

A 灰姑娘

C 杰克与魔豆

B 长发公主

E 糖果屋

D 白雪公主

给孩子的心理测验

小朋友，请从上一页的童话书中挑出自己最喜欢的一本书。

Ⓐ 灰姑娘　Ⓑ 长发公主　Ⓒ 杰克与魔豆　Ⓓ 白雪公主　Ⓔ 糖果屋

选 A，灰姑娘。代表孩子害怕"忌妒心"。

灰姑娘的后母与姐姐因为嫉妒灰姑娘的美貌，做了许多坏事。孩子若选择这个故事，很怕自己如同他们一样善妒，或是拥有强烈的竞争心，这样的心理很容易出现在孩子身上，爸妈这时候应该引导他们欣赏自己与别人的优点，以正面的健康心态来面对彼此的竞争。

选 B，长发公主。代表孩子害怕"性的好奇心"。

《长发公主》是这几个童话故事中，描绘两性交往最为细致的一个，当中隐含许多对性的好奇。要是孩子选择了这个选项，表示他对两性的差异、生命的开始感到好奇，爸妈可以利用绘本，好好引导他们。

选 C，杰克与魔豆。代表孩子害怕"贪心"。

选择这个选项的孩子，心理年龄通常较大、较成熟，自己认为过多的物质欲望是错误的，因而转向追求较高的精神价值或人生方向，这多半是受到爸妈的教导或言行影响，这样的孩子通常较有主见。

选 D，白雪公主。代表孩子害怕"虚荣心"。

坏皇后是《白雪公主》里的代表人物，因为想成为全世界最美丽的女人，而不惜买凶行刺白雪公主，这个角色反映了虚荣心的无限扩张造成的坏影响。孩子会选择这个选项，多半是害怕自己变成只追求外表及物质的人，因此常压抑自我，反而容易衍生忌妒心理。

选 E，糖果屋。代表孩子害怕"贪吃"。

一般情形来看，选择这个选项的孩子通常较为年幼，我们知道年纪越小的孩子越是靠嘴巴来探索世界，通常眼前看到什么都会放进嘴巴里，害怕自己贪吃的孩子，可能因为更小的时候吃东西遭阻，因此存在想吃又不敢的矛盾心理。

别人比我优秀吗

　　长期以运动、礼仪等各方面数落孩子的表现，还与其他孩子相比，爸妈这样的举动很可能已深深伤害孩子的内心，可能导致他们学习意愿低落、不愿意面对新的挑战，甚至个性变得懦弱。

专家来解说

　　"爱之深、责之切"，爸妈对自己的孩子通常严格要求，对亲友的孩子却格外宽容，这是华人世界常见的情况。个性敏感的孩子把爸妈的话语听进心里，难免放大负面情绪，甚至产生逆反心态，因此爸妈在教育孩子的时候，要谨言慎行，不要给他们心灵造成难以抹灭的伤害。

给孩子的小测验

爸妈可以检视自己在孩子心中的模样。

给孩子一张白纸，画出爸妈与他对话的样子，或是最常说的一句话。

(1) 明褒暗贬："你真聪明！今天终于没有做错事了！"

这类型的爸妈在跟孩子沟通时，通常会加强语气，孩子可以敏感地察觉背后的讽刺之意，觉得过去犯的错误再也无法修改，心里非常挫折。

(2) 盲目比较："做得真棒，比 XX 还好。"

此种情况通常发生在有兄弟姐妹的家庭里，爸妈为了激励表现不佳的孩子而采取这样的手法，但对遭贬抑的孩子来说，心里会非常不是滋味，甚至觉得无力以对。

(3) 沉溺历史："第一名！超棒！以后一定可以得到更多第一名。"

乍听之下，觉得这句话充满鼓励与期望，深入一想，却不难察觉其中背负的巨大压力，说出这类话语的爸妈还会经常拿过去经验来比较，这样的情况非常容易造成孩子的混淆及挫败。

(4) 以偏概全："哇！你考第一名耶，真是聪明！"

这应该是爸妈最常对孩子说的一句话，看似勉励、称赞，实则把孩子的价值观窄化了！爸妈可能在无意间让孩子觉得成绩代表一切。

专家来解说

很多爸妈不知道自己有说口头禅的习惯，但因为与孩子朝夕相处，他们就如同一面镜子，会反映出爸妈最真实的样貌，因此这个测验，也是爸妈检视亲子关系的最佳方式。与孩子沟通时，上述几种类型的话语千万不要说出口，极可能破坏亲子关系。

从一首歌开始

选一首孩子喜欢的童谣，建立一个游戏与歌曲共构的情境，让宝宝在聆听歌曲的过程中，培养专注力。

专家来解说

孩子的注意力不容易集中，常展现在几个方面：例如爸妈在说故事的时候，小朋友的注意力忽然被家里的零食拉走了，不愿意坐下来听完整个故事；或是爸妈在跟小朋友讲话的过程中，发现孩子自顾自地低头玩耍，没有回应等，这些都是注意力不集中的表现。

关键字抓住孩子的耳朵

《造飞机》《两只蝴蝶》《小星星》等朗朗上口的童谣，旋律简单、歌词好记，是非常适合孩子的歌曲。

爸妈可以简单设计一个动作，例如每当唱到《小星星》的"一闪一闪亮晶晶"，就让小朋友做出开掌、握拳的重复动作。如此一来，小朋友因为要听清楚歌曲的内容，专注力便容易集中在歌曲上，可以作为锻炼专注力的方法之一。

歌曲搭配绘本

从歌曲关键字开始，孩子维持专注的时间越来越长了，这时候，爸妈可以开始连接动态与静态的活动安排了。例如为宝宝阅读《小白鱼》，随着故事的进行，当遇到海底朋友就轻唱《鱼儿鱼儿水中游》，在讲故事的过程中，引导孩子也跟着唱，孩子自然会被绘本的情节所吸引，进而培养出阅读的专注力。

孩子成为说故事者

当小朋友培养出阅读的专注力后，爸妈可以更进一步地鼓励孩子成为说故事的人，并设计自己喜欢的歌曲或游戏。若是孩子对这个游戏感兴趣，极可能为了设计游戏，自动阅读大量的绘本，这么一来，反而增加了孩子阅读的乐趣与兴致。让阅读成为孩子的兴趣，才能坚持下去。

亲子同乐效果佳

无论是什么样的互动，爸妈都可以跟孩子一起参与，热情互动，这样远比小朋友自己学习的效果要好！

以宝宝感兴趣的物品切入

人们遇到喜欢的东西，专注力自然会聚集，宝宝也是如此，无论是车子、球，还是甲虫、动物等，爸妈都可以根据孩子的喜好来切入。

专家来解说

孩子在学习的过程中，最重要的一件事就是维持兴趣，一旦有了兴趣当作动力，坚持下去便不是问题。因此，爸妈要适度地引导孩子的兴趣，首先，可以由他们感兴趣的物品着手！例如，小男孩喜欢车，妈妈可以跟颜色作连结，让孩子把对汽车的喜爱延伸到色彩的认识上。

培养专注力的汽车游戏

爸妈可以等到小朋友认识几种颜色后，在阳光灿烂的午后，带孩子到住家附近的公园里，一起坐在椅子上，计算路过的车辆有几辆红色汽车，以此来培养小朋友的专注力。

从汽车模型中找出差异

喜欢汽车的孩子通常会拥有许多小汽车，爸妈可以一次挑选五辆，在孩子面前排开来，请他观察差异之处，再试着跟爸妈说明他观察的心得。

亲近动物来提升专注力

有些孩子会对动物产生害怕，这都是因为爸妈从小的教育或言行影响，我们应该培养孩子亲近动物，成为热爱大自然的小朋友。

专家来解说

生活周遭常会出现动物，无论是自家阳台外的麻雀，还是家里饲养的猫、狗，都可以作为孩子亲近动物的好契机。应该鼓励怕动物的孩子从观察做起，拉近彼此的距离；对于喜爱动物的孩子，则可以让孩子贴近观察，例如鸽子的翅膀是什么颜色。

令人惊讶的旺盛好奇心

　　活泼好动的小朋友忽然趴在地上看着什么，走近一看，才发现是一列长长的蚂蚁，爸妈不禁会心一笑，同时在心里惊讶地想："平常活泼好动的孩子竟然可以这么专注！"这种情况，很容易出现在注意力深受吸引的孩子身上。

延续宝宝的好奇心

　　好奇心是学习的开始，它与专注力通常是相辅相成的，爸妈应该寻找不同的方法来延续孩子的好奇心。例如宝宝沉浸在蚂蚁的渺小世界中，爸妈可以适时提问："蚂蚁会往什么地方去呢？"这样有助孩子从好奇心的层面迈入思考的层面，有助于提升宝宝的专注力。

让孩子爱上星空

晚上的星空美得令人屏息，星星更是存在许多浪漫的传说，试着与孩子一起分享星空的美丽。

最平易近人的自然科学

观星需要一定的专注力与耐力，很适合作为孩子培养专注力的活动之一，若是能让小朋友爱上这项活动，是个很棒的嗜好！

专注力
从颜色入手

从积木游戏中培养专注力

积木是有孩子的家庭中常见的玩具，更是许多小朋友的心头好，爸妈可以利用积木来培养孩子的专注力。

由颜色、数量入门

爸妈可以跟小朋友一起玩积木，给予颜色指令，例如"请造出黄色跟绿色的城堡"，也可以自己堆成一座城堡，再请孩子找出用了几种颜色。小朋友在游戏的过程中，可以很好地培养专注力。

专心的吃饭态度

从小培养孩子正确的用餐态度，可以开启他的健康人生。

粒粒皆辛苦

完成一道菜肴需要花费很大的精力，包含农产品的种植、运送以及食材的采购，到购买后的烹煮，这些过程，爸妈不妨当作故事说给孩子听，让他们对待食物时拿出专注态度，好好对待盘中的食物。

专注力

图画的感染力

绘画是集中专注力的好方法

很多孩子喜欢绘画，用色彩与线条一笔一划绘出心中的想象。

绘画是通往孩子心灵的最佳桥梁

　　有些小孩不擅长说出自己的想法，在他的图画里却展示得十分清楚，爸妈可以观察孩子的图画来了解小朋友的内心世界。在绘画的过程中，孩子由于要观察绘画对象，需要使用高度的专注力，这时候不用爸妈提醒，小朋友自然变得非常专注。

Part 5
宝宝的情感与社交

社交与情感是奠定
宝宝人格的基础

宝宝的认知能力已大幅提升

宝宝的逻辑推理、观察力都要从小培养

两岁到两岁半的孩子能做到的事更多了，喜欢观察和模仿大人的动作，经常想尝试自己动手做某些事情，爸妈应该要抓住这个时机，鼓励宝宝的主动性，多训练宝宝自己动手做的能力。

宝宝的数学能力大大增强

通过前面已经建立的数学基础学习，这一时期的宝宝有少部分已经可以从0数到50，但大部分的宝宝水准都平均能保持在从0数到20左右。因此爸爸妈妈不用在意或过多地比较这些差距，因为宝宝的数学能力和智力发展水准，往往需要一段长时间来构筑建立，宝宝学得慢并不代表一定是学习能力不够，很多聪明的宝宝往往是大器晚成、后发制人。

宝宝学习数数熟练之后，爸妈可以试着用"点数"的方式来考察他们，比方问宝宝，"5"的前面是哪个数？"10"的后面又是哪个数？

(POINT) 宝宝的数学入门

促进数学基础的点数计算

这时最好不要让宝宝凭记忆来回答，因为学会背诵数字顺序并不代表就一定能明白它们之间的关系。

因此，爸妈应该要让宝宝用数指头、数小豆子、拨动计数玩具上的小滚珠等方式来得出问题的答案。

当宝宝能够顺利圆满地完成"点数"考察之后，爸妈还可以根据实际情况来教导他们简易的加减法，不过也不需要太过强求。

让宝宝学习认识数字和计算还有一个有效的方法，那就是学会认识钱币。钱是日常生活中带有数字最常见的东西，爸妈可以和宝宝玩买东西的角色扮演游戏，由爸妈扮作顾客来购买宝宝的玩具，问好价格后，爸妈给宝宝钱，再让宝宝数一下数目对不对。

从模仿开始

由于学龄前宝宝对于模仿成人行为有浓厚的兴趣，让宝宝处于积极的情绪中来提升对数学的兴趣，爸妈可以从最简单的个位数开始玩，逐步地培养宝宝的数学基础，反复几次直到宝宝对计算越来越熟练，便可轻松地在玩乐中达到爸妈想给宝宝数学知识启蒙的目的。

值得注意的是，此时宝宝对于十进位的概念尚未发展得相当成熟，对一块钱和五块钱需要使用一小段时间才能理解并且熟练地在二者间自由使用和切换，因此爸妈最好将和宝宝练习的数字初步控制在十以内，再依照宝宝情况逐步地往上增加。

数学是训练宝宝逻辑推理能力的学科，从小打好数学基础，对宝宝将来学习各个学科都有不小的好处，因此爸妈可要细心为宝宝规划、教导。

给爸妈的贴心建议

怎样让数学与其他能力共同发展？

调查显示，宝宝的数学潜能是在3岁左右开始开发的，和语言能力会互相干扰，语言接触得多就会让数学的理解落后，反之亦然。所以爸妈在培养宝宝时，一定不能偏废其一，两种才能都要充分挖掘。

宝宝能认识事物并分类

分类是指宝宝学会将一堆物品按照特征找出相同与不同，再把它们分门别类，这是建立逻辑发展的基础，并且能够帮助宝宝强化形状、颜色、大小的概念，是认识这个世界的方式之一。而宝宝的分类概念和其他发展一样，是由简单到复杂慢慢成熟的。

分类还能让宝宝认清事物间的区别与联系，而这正是逻辑推理中发现、归纳的基本能力。此外，宝宝也会经由分类的经验过程，得到组织生活经验的重要方法，能够让宝宝在生活中的学习更有效率和系统，使得吸收到的知识得以灵活应用。

宝宝开始学习认字

当宝宝能够表达自己意愿的时候，就可以念一些简单的词给他听，让他累积对语言的感觉。家里要购买一些有关交通工具、动物、水果等事物的认知卡片，让宝宝认识它们的外形，正确读它们的发音。这个时候还要有意识地培养宝宝听故事与讲故事的能力。

爸妈可以读有情节的图画书给宝宝听，比如《彼得兔的故事》、米菲兔子系列、《月亮，晚安》、斯凯瑞金色童书系列等生活场景的小故事。图画书可以增强宝宝的观察力、想象力与理解力，是父母和孩子培养亲子情感的绝好工具。从有趣的故事中学习，宝宝的阅读量和语言表达能力也会大大增强。

(POINT) 由日常生活养成习惯

促进分类学习的
日常练习

爸妈在最初教宝宝收玩具时，可能就让宝宝把一大堆玩具放进玩具箱里，以装完所有玩具就算完成。

而要让宝宝学习分类，就可以让宝宝从每天都要玩、要摸、最熟悉不过的玩具分类整理开始练习起。

宝宝的玩具有的是爸爸买的，有的是妈妈买的。材质也不一样，有的是棉布的、有的是塑胶的，或者可能是金属的。爸妈可以去购买几个和宝宝高度相当的玩具箱，让宝宝按照不同的性质把玩具分类，并且从中培养宝宝自助技巧以及负责任的态度。

学会了分类玩具，爸妈还可以教宝宝将厨房的用具分类，如哪些是餐具，哪些是炊具，哪些是金属的、陶瓷的、塑胶的等；还可以摊开已经晾干的衣服，分别找出爸爸、妈妈、宝宝或其他家人的衣物，甚至能进一步分辨出宝宝的T恤、妈妈的外套等进行二次分类；又或者可以利用生活素材来练习，把一些石头、豆子和纽扣等放在一起，请宝宝依相似性分成几堆，并和宝宝讨论分类的依据，借此增进宝宝的思考能力。

只要细心观察，家里很多东西都可以用来分类，训练宝宝分类比较的能力。而在宝宝学习分类的过程中，爸妈要随时给予鼓励和表扬，增强宝宝学习的兴趣。

分类的最基本内涵是将无规律的事情整理得有规律，当宝宝学会这项能力的时候，会大大地增强处理事情的能力。尤其是对于处理混乱场面的能力，从小培养这方面的潜能，将来很有可能会成为事业上的领导者。

给爸妈的贴心建议

宝宝的分类由知觉开始

宝宝最初是靠着知觉上的不同来分类的，慢慢地才学会用概念分类。如有几个大小不同的三角形积木，他们会先观察，认识物体轮廓和细节，"分析"物品当中共有的特征，下次遇到相同的特征就进行归类。

宝宝对自我的认识

宝宝会逐渐有自我意识，当他能够说出"我"要做什么、吃什么的时候，已经对自己有了基本的认识。认识自己是宝宝成长的必修课，这能够提高宝宝的自我意识，树立完整的个性和人格。让宝宝认识自己可以从五官和身体其他部分做起。宝宝最关心的吃和玩相对应的就是嘴巴和手，爸妈拿出一个苹果告诉宝宝，要吃苹果用什么呀？宝宝会张开嘴示意，爸妈就趁机教宝宝，这是嘴巴。为了让宝宝更进一步认识嘴巴，爸妈还可以指自己的嘴巴给宝宝看，或者让宝宝在镜子前仔细观察自己的嘴巴。然后再教他认识眼睛、鼻子、眉毛、肚脐、四肢、手指、脚趾等。

培养宝宝的观察能力

宝宝常会全神贯注地发现许多新鲜有趣的事物，也经常察觉一些微乎其微、难以辨别的细小变化，许多爸妈都错失了这时宝宝眼里流露出的问号，仅仅觉得是宝宝眼尖而已，并不足为奇。其实，宝宝的这种眼尖，就是我们日常生活应用不可缺少的观察力。

人对事物的认识起源与观察有密不可分的关联，探究认识的最初总是通过人的各种感觉器官去感知物体的颜色、形状、空间位置、时间变化，从而发现与其他事物的联系。观察是一种基本、较为持久的感知觉，是一切思考、创造的基点。

(POINT) 日常生活的养成

培养宝宝观察能力的要点

应对灵敏、知识面广的人必定在日常生活中有较强的观察能力，并将捕捉到的信息进行积累和储存。

一旦有需要的时候，就能够有无数的素材从大脑仓库里倾泻而出，充足地提供思考以及创造的需要。

观察力着重在后天训练和发展，能够培养做事的细致和有耐心的品质，对宝宝将来从事各行业都会打下良好的基础。而想培养观察力，要让宝宝学习区分物体的主要特征，并从中区分出最本质的特征学起，许多方法都可以帮助建立完善的观察力体系，下面是常见的步骤：

1.目的明确、方法具体：观察要有选择性和针对性，要知道自己从被观察的物体中寻找什么，起初由父母提出目标和提示，再逐渐过渡到由宝宝自己提出。

2.培养观察技能：主要是指视、听方面的技能。父母提示宝宝被观察物件的主次关系，但也不要忽略宝宝自己的视角，要鼓励宝宝发现新的观察点，激发他们的发散性思维。

3.更加全面立体的观察：除了动用视觉和听觉，还可以通过触摸、品尝、用鼻子闻等多元的观察方法，让宝宝全方位地了解和学习。

观察事物要从宝宝感兴趣的物体开始，比如各种小昆虫、植物、花朵等，父母根据这个拟出让宝宝感兴趣的话题，通过交流和讲解让宝宝学到更多的知识。有些宝宝一旦进入了某个领域，就会沉浸在自己的世界里乐不可支。爸妈不用太干扰他们，让他们在自己的世界里自由幻想。

给爸妈的贴心建议

帮助宝宝将观察与其他能力结合

当宝宝有足够的观察经验，发现问题时爸妈应适时地引导宝宝通过观察概括大量事物，让宝宝能更深入地发现事物之间固有和必然的关联，使宝宝的观察、思考、想象、创造、发展能系统地结合起来。

训练宝宝的记忆能力

记忆是智力的仓库和窗户，人类累积知识经验、获得熟练技巧、保存真挚情感、美好愿望的期待等无不依赖于记忆。所谓记忆，就是感知过的东西、思考过的问题、做过的动作等的识记、保持、再认和回忆的过程。心理研究表明，三岁前宝宝的记忆基本属于没有预定目的的记忆，即无意记忆；三岁以后宝宝的无意记忆仍占优势，但有目的的有意记忆开始逐步发展。此时，爸妈可以开始针对这一特点，有意识地去培养宝宝的记忆能力，主动地教会宝宝一些记忆方法，让宝宝记得又快又好。

寓教于乐的学习法则

爸妈可以拿出家里的玩具，让宝宝依照颜色、大小、形状分类，通过观察比较来训练宝宝归类的能力。排列是指按照某种顺序依次排序，爸妈可以让宝宝打开所有的俄罗斯套娃，让他们按照从大到小，或者从小到大的顺序依次排列。比较是一种相对的概念，随手拿出宝宝的两个玩偶，让他比较哪个大、哪个小，随后再加入不同大小的玩偶，大小顺序开始起了变化，让宝宝仔细观察它们，学会比较。用数豆子的方法来学习计算比较常见，但 2 岁半到 3 岁的宝宝只需计算 3 以内的加法就可以了。这时候学习测量不用知道具体的数值，只要知道哪边长、哪边宽、圆形怎样测量等概念就可以了，能够通过测量知道哪个物体更长一些，等等。

POINT 开发的最佳时机

教导宝宝使用记忆的规则

我们有必要寻求记忆的规则，尽早开发宝宝的记忆能力，让宝宝拥有一生受用无穷的智力泉源。

教宝宝按照顺序来记忆，便是普遍使用的好方法。顺序可以是从上到下、从大到小、从左到右，等等。

我们能让宝宝做这样的练习：带宝宝到玩具店让他对柜台上的玩具看上几分钟，接着让他回忆玩具柜里有什么玩具。初步回答时要按照爸妈要求的顺序，接着再由宝宝选择合适的顺序。接着观察的内容可以越来越复杂，看的时间也逐渐缩短，逐步提高宝宝的记忆容量和品质。

除此之外，抓特征记忆也是一种好方法。例如去了一处地方旅游，日后听别人谈起该地时，脑海中就会浮现出许多相关的独特印象。在训练宝宝的记忆力时，也可以帮助他从特征入手记住事物。如让宝宝看几个有明显特征的头像，然后请宝宝按特征回忆画面上有哪些人像。开始时，爸妈可以和宝宝一起回忆，让宝宝观察特征、寻找特征，从而记住特征。

假如记忆的物品较多，而这些东西又能够被加以分类的话，就可以按照类别来记忆。只有分类正确，才能记得准确，所以首先必须有目的地训练宝宝将各种东西正确分类。如房间里的床、桌椅、电视机、空调、画、玩具等各种物品，可分为家具、摆设等。帮助宝宝在分类的过程中，把物品记住，以后回忆时，只要记起大分类，就会想起一连串的事物。这样的训练随时可以进行，也随处可以找到素材练习。

给爸妈的贴心建议

记忆应经常被复习

除了记忆规则，爸妈还应经常帮助宝宝复习、巩固记忆的事物，若记忆不常被提取，使用时会难以迅速准确，时间一久还会消失。所以，隔一段时间就要宝宝把学过的儿歌或故事复述一下，提高记忆效果。

让宝宝
接受音乐培养

音乐能够让宝宝保持
愉快心情、激发艺术天分。

宝宝需要音乐来丰富生活，增加乐趣。音乐不仅能影响宝宝的个性、情绪，还能够结识更多的朋友，给童年留下美好的回忆。具有音乐天分的宝宝还可以提早激发音乐潜能。

爸妈应教宝宝唱歌

研究表明，宝宝从两岁开始，就对成人唱歌具备浓厚的兴趣。并且宝宝因为好奇心和模仿力强，在听爸妈唱歌后会逐渐记住，不在乎唱的自己能否听的懂，或自己到底会唱多少，只要听见成人唱歌就会自发性地唱起歌来。在这种情况下，爸妈可以抓紧时机，找一些适合宝宝唱的歌，准备和宝宝一起练习。

值得注意的是，爸妈在让宝宝学习唱歌之前，应该先一边替宝宝打拍子，一边让宝宝学会念童谣，童谣不仅能够

帮助宝宝练习吐字，还能培养一定的节奏感。这是唱歌之前的训练。

(POINT) 入门的选择

注意选曲

除了要先学会念童谣外，爸妈还应培养宝宝听音乐和欣赏音乐的能力，丰富宝宝的音乐听觉感受性。

城门
城门
鸡蛋糕

引导宝宝注意乐器在歌里发出声音表现的感觉，让宝宝思考与乐曲符合的音乐形象，激发想象力。

而在宝宝开始学唱歌时，爸妈除了要给予充分的引导、参予宝宝的学习外，还应该要特别了解到，两岁左右的宝宝音域很窄，唱歌发音在5～6个音阶之内，习惯一字一音，所以在歌曲的选择上，只能教宝宝唱一些易学和易唱的儿歌。可以让宝宝按节拍跟着音乐旋律一起唱，或者和父母一起唱，还可以一边唱一边做动作，使唱歌更有趣，如此一来，既可以保持宝宝学习的兴趣，同时也丰富了听觉想象和视觉想象。

选择合适的歌曲

爸妈要注意，流行歌曲并不适合宝宝。如果教成人的流行歌曲，宝宝唱不出一些音就会自己变调，长期下来就会慢慢养成走音的习惯。

想要让宝宝唱歌好听，就必须要先学好说话，有些宝宝习惯了听方言，唱歌的时候也会不自觉地带着方言口音，容易造成走音或咬字不清的现象。要让宝宝吐字清楚，可以先教他们一些顺口溜、绕口令之类的训练发音游戏，反复几次直到熟悉，这对宝宝唱歌、发音、吐字都有很大的帮助。

宝宝唱歌会让心情愉悦，对发音吐字也有很好的练习作用，爸妈可以像读书一样，每天找个时间和宝宝一起练习唱歌，兼具语言与音感刺激，让语言学习效果更好，还能培养亲子关系。

给爸妈的贴心建议

来玩唱歌接龙吧

先由爸妈完整唱几遍，让宝宝对歌曲有完整印象再逐句教唱。当宝宝稍微熟悉旋律和歌词后，就开始和爸妈玩歌词接龙，一人接着唱一句直到唱完，使宝宝在学唱时集中注意力，积极记忆歌曲旋律和歌词。

可以和宝宝一起欣赏音乐

音乐是听觉的艺术，可以陶冶性情，启发智能；听音乐长大的孩子，能具备格外敏锐的感受力以及丰富的情感，并善于表达，性格也较为稳定，对形成良好的人格好处多多。同时，多聆听音乐，宝宝的身体感官会受到曲调中各种高低、强弱变化的刺激，还能启发感官知觉与音乐能力的发展、引起情绪共鸣，无形当中也发展了宝宝的审美能力。

因此，爸妈应该为宝宝创建一个适合接触音乐的舒适环境，并给予科学、正确、合宜的音乐启蒙，让宝宝在愉快自主的气氛中培养对音乐的兴趣。

让宝宝记忆歌词

幼儿童谣、歌曲多是以动物或者小孩子为主角，如《造飞机》《两只老虎》《只要我长大》《虎姑婆》等。为了让宝宝对歌词记忆深刻，最有效的办法就是角色扮演。最好父母也参与其中，和宝宝一起互动。如童谣《两只老虎》：两只老虎，两只老虎，跑得快，跑得快，一只没有眼睛，一只没有尾巴，真奇怪，真奇怪！让宝宝一边唱一边用肢体动作表现出来：将拇指及食指相碰成圆圈，表示老虎的眼睛或者拿条绳子给宝宝当作老虎尾巴，投入感就更强了。

宝宝一般会在唱歌时发现不明白的地方就停下来问爸妈，爸妈要用生动形象的方式告诉宝宝，让它们很快记住并且乐在其中。

(POINT) 可根据宝宝的喜好

各种类型的音乐特性介绍

其实爸妈和宝宝一起欣赏音乐不必太过挑剔，只要节奏不是太快，歌词和曲子不是太激进就可以了。

不同音乐里的内涵和感觉不同，以宝宝的喜好为先，都能达到给宝宝多方位、全面音乐培养的目的。

儿童音乐：这是宝宝最容易接受的音乐，节奏跳跃、快活，使用的语言言简意赅，但歌词意境都相当符合宝宝的生活情况和心理特点。

古典音乐：许多家长主张古典音乐主要是为了培养宝宝的艺术气质，因其含带着独特的魅力和艺术价值，其谱曲所含带的复杂性、严谨性和特有的重复模式，有利于宝宝认知能力的培养、扩大宝宝的音乐眼界、借以熟悉多种乐器的声线，不论是抒情或悠扬的曲调，都能为宝宝学习古典舞蹈打下良好的基础。

乡村音乐：乡村音乐都是表现关于农村与城市、家与迁徙，以及美好的乡村生活的歌曲，旋律中充满乡愁与怀旧的情感，音乐人卓越的音乐才华经常在旋律里崭露无遗。让宝宝欣赏可以培养他们热爱家乡、珍惜亲情的品质。

中外民歌：民歌指的是经由人们随意的哼唱、传颂而形成的歌曲，语言自然、曲调优美质朴、节奏明朗生动、结构简短。因其充满民族特性，多是生活写照，使人听了有身临其境的感觉，还让宝宝通过聆听来领略不同的民族风情。

值得注意的是，爸爸妈妈最好不要经常给宝宝听成人的流行音乐，这些歌曲多表现男女爱情，曲调简单通俗，缺乏美感与艺术感染力。

给爸妈的贴心建议

栽培宝宝听古典音乐

古典音乐比起一般音乐较为深奥、难懂，爸妈可以多给宝宝讲一些音乐背后的故事，听一些古典乐器弹奏出来的声音，丰富这方面的相关知识，以引起宝宝的兴趣，使他们想象活跃，较好地理解音乐作品。

宝宝逐渐学会音乐律动

完整的音乐欣赏是结合眼、耳、身、脑的综合体验。其中身体的体验就称为律动，它是宝宝学习音乐的重要途径之一。

音乐律动和舞蹈不同，它不是模仿动作，也不用注重身体的姿势和舞台装扮，而是要用轻松自在的肢体语言来表现音乐。通过随歌曲舞动让宝宝尽情挥洒创意，使爸妈能轻松启发宝宝的学习智能，对培养节奏感、肢体协调、身心发展与音乐敏感有很大帮助。

此外，以音乐为媒介，通过不同的节拍与音调来引导宝宝动作，也促进了宝宝的平衡感以及肌肉张力的发展。

POINT 动态与静态结合

感受音乐律动的各种方法

现代父母的育儿难处在于无法提供足够的活动空间，宝宝常在幼儿阶段就跟着爸妈只偏好静态活动。

静态活动与运动两者应该不能有所偏废，而音乐律动游戏就不失为一个补充活动量的简单解套方法。

而想让宝宝感受音乐律动，爸妈可以尝试选择一首明快的曲子，和宝宝一起聆听并用以下方式来活动四肢：

音高：让宝宝跟随着音乐的音高挥动双手，音乐高时，手势高；音乐低时，手势低。

音响强度：让宝宝像指挥家一样，音乐强劲时，用力挥动胳膊；音乐轻柔时，则缓慢地挥动胳膊。

音色：让宝宝用身体的不同部位来表示不同的演奏乐器，每当听到明显的某种乐器声时，就把手移到相对的位置上，比如听见鼓声就轻拍肚子等。

休止：音乐响起，宝宝四处走动、跳跃；当音乐中间休止时，让宝宝立即站定。

旋律：听音乐时让宝宝手中挥舞一条彩色的纱巾，让他们感受到音乐的丰富多彩和美丽。

此外，爸妈有时还能搭配音乐绘本或乐器来增添活动趣味，或使用生活素材来创造属于自己家庭里的亲子律动，如吃饭歌、收玩具歌。

音乐律动能带给宝宝的益处良多，除了训练宝宝的肢体灵活度以及专注力，其中的亲子互动更能促进爸妈与宝宝间的感情，让爸妈在放松的状态下，更明确地观察宝宝情绪与反应，从中了解宝宝的发展程度；宝宝也能在亲密互动中学习分享愉悦的感受，并充分感觉到爱与陪伴。

给爸妈的贴心建议

头儿肩膀膝脚趾

利用这首儿歌和宝宝边唱边玩，帮助了解身体部位，并且增进肢体运动：

头儿肩膀　膝脚趾　膝脚趾　膝脚趾
头儿肩膀　膝脚趾　眼耳鼻和口
头儿肩膀　膝脚趾　膝脚趾　膝脚趾
头儿肩膀　膝脚趾　眼耳鼻和口

爸妈要耐心应对宝宝成长期问题

开始明白自己和别人
是不同的个体，发展社交

从这个时期开始，宝宝自我意识萌发，是性格养成的关键期，爸妈的教育会影响宝宝的一生，父母必须要做出正确的引导和启发，才能让宝宝养成良好的行为习惯。

使宝宝学会自律和自强

自律，是指让宝宝自己学会能够监督、要求自己，让自己能够遵守自己潜意识给自己定下的某些约束，以致有规律地吃饭、作息、玩耍、收拾，自觉养成良好的习惯。

许多爸妈都希望宝宝能够长成自律的孩子，为此，爸妈应该要大胆地尝试让宝宝自己在生活中探索和实践，为自己做选择，由此使宝宝增长经验，深刻了解自己做与不做某些事会得到哪些结果，为将来宝宝独立于社会而从小练习

学会约束自己，并且学会控制自己包括对生理、物质、情绪的需求。

(POINT) 榜样的树立

做引导

在幼儿阶段，教宝宝学会自律最重要的方法是确立榜样，利用模仿的天性让宝宝的正确规范有例可循。

同时还要利用不时的具体表扬来鼓励宝宝、内化宝宝的生活规范，借此刺激他们对于自律的积极性。

聪明的爸妈要善加利用这两个特点，从日常生活或者卡通影片、图画书中那些宝宝喜欢的角色群里，寻找一个品行合适的好榜样，并借以告诫他们，这样做才是对的、是好宝宝，为宝宝竖立一个准则。接着再做更深一层的引导，让宝宝逐渐养成主动规范自己行为的良好习惯。

自强，则是一种需要具备独立自主、自信、自立、负责等综合能力来形成的特质。一般来说，通常自强的人会对未来充满希望，永不懈怠；能够很好地勉励自己、为自己负责，不依附别人，对自己有充分的认识，在困难面前不轻易低头，并且还能很好地控制情绪，不因为冲击或情绪贸然地做决断、采取行动。

宝宝学步时不免在地上摔倒，总是喜欢以大哭的方式来寻求父母的安慰。但现今独生子女多，经常出现父母会不断地怪罪地板、说宝宝摔倒是因为地板使坏的现象，这种教育方式只会让宝宝忽视自己的错误，养成遇到挫折只会怪罪到别人身上的坏习惯。所以当宝宝受到挫折时，爸妈要细心引导，让宝宝从中发现错误的原因，并且再做尝试，直到最后成功，这就是让宝宝培养自强性格的开始，借此逐步地培养起宝宝坚韧的毅力和勇气、决断力等良好素质。

给爸妈的贴心建议

著名的棉花糖实验

自律的先决条件是要学会控制自我当下的欲望，而非想要就可以得到，最经典的例子就是棉花糖实验。研究显示，忍住不吃棉花糖而再领到棉花糖的小朋友，进入青少年时期，在校成绩与受挫能力都较高。

协助宝宝认识自我，接受评价

在宝宝还没走出家庭生活范围去结识其他人之前，家里的父母、爷爷奶奶、外公外婆总是对他百依百顺、赞不绝口。其实这样的环境只会让宝宝生活在一个充满娇生惯养恶习、不现实的世界里，因为宝宝将来要打交道的人并不是只受限于家庭成员，而是社会上各式各样的人。

要使宝宝将来在人生的道路上走得远而稳当，爸妈们必须先学会理智地去爱，相信宝宝具有一定的能力，放手给宝宝训练自我的机会，让宝宝在成功与失败中磨练、接受挫折，并在得与失中形成良好的情感品质。

不要过度保护孩童

每个孩子最终都会脱离父母的羽翼，孩子需要一定的空间去成长，去考验自己的能力，去学会如何应对危险的局势，唯有让孩子自己去面对问题，尝试错误，才能培养其独立生活的能力。

"不要为孩子做任何他自己可以做的事。"孩子跌倒并不可怕，也不是什么坏事，只有跌倒之后爬起来接着再走的孩子，才能真正学会走路。如此简单的道理谁都明白，因此没有一位父母会因为孩子学步跌倒，便阻止孩子继续学习走路。如果父母做得过多，是在剥夺孩子发展自己能力的机会，也在剥夺孩子的独立与自信。

(POINT) 增加宝宝的信心

爸妈需要为宝宝多做引导

宝宝第一次接触集体活动的时候，会比较茫然，因为他发现大家在这里都没有把他当作中心。

大多都是自顾自地，或者几个人聚集成为一个小群体交流嬉戏，宝宝难免心里会产生失落感和不适应。

爸妈这时切勿太过心急，而是要谨记，随着孩子年龄的增长和能力的提高，应该逐渐从对宝宝的完全保护到微量保护，再到解除保护，放手让宝宝做力所能及的事，让他自己以自信心去面对，发展属于自己的社交方式，不要剥夺宝宝练习的机会，让宝宝在经验中尝试、修正，以达到社会认可和自我认同的平衡。因此，此时爸妈可以做到的，是鼓励宝宝走出自己的第一步，表达爸妈对他的期望以及高度的信任程度，增

强宝宝信心、陪宝宝练习自我介绍，让他走到人群中去好好地介绍自己。

而当宝宝受到其他同龄孩子善意或者恶意的评价之后，自然而然地会出现在意别人对自己看法的情况。此时爸妈应该要理解的是，学龄前宝宝对自我的看法，大多是倾向从他人对自己的表现建立起来的，自然会想得到别人的肯定。因此应当及时关注宝宝的情绪，耐心地教会宝宝用理性看待事物，帮助并引导宝宝形成正确的自我评价，理性认识自己的优点和缺点，并且敢于正视、接受别人的批评，还要积极改正缺点。

让宝宝在下一次见面时，还能够自豪地告诉对方，他已经战胜自己的缺点，让宝宝品尝成功的喜悦和在同龄人中的自尊和自信。

给爸妈的贴心建议

爸妈对宝宝的肯定很重要

对宝宝而言，爸妈的照顾是获得各种自我评价的直接来源，如被回应的经验、对其行为好坏的赞美或贬抑等，从中逐渐形成自我概念的运作地图。如果缺乏正向回应，极可能会导致宝宝有自卑的负面心态。

矫正宝宝的任性行为

宝宝的日常照护处处需要仔细费心去关照，行为问题更是困扰着爸妈，尤其是任性，特别让父母们伤透了脑筋。

一般说来，这是普遍存在于独生子女间的现象，大多都是由家庭的娇生惯养、成人的教育不当所造成的。面对宝宝各种如雨后春笋般的众多需求，多数爸妈都不假思索地给予满足，而未曾思考宝宝提出的需求是否合理，但在面对宝宝的不合理要求时，却也都做出了顺从和让步。爸妈的溺爱及迁就，直接为宝宝提供了百依百顺的环境，养成了宝宝认为以哭闹要胁就能成功的任性。

坚持正确的教育方式

父母不能对孩子太宠溺、娇生惯养、百依百顺，这样容易养成孩子任性、自私、过分依赖的性格，要懂得适度教育爱护孩子；其次，不要过分苛求孩子，不求样样得第一，但求要努力，避免给孩子造成心理压力或刺激。父母在处理孩子的问题时，多用鼓励、信任、和蔼的方式取代责罚打骂，给孩子创造一个和谐愉快的环境。

POINT 教导上的坚持

拒绝宝宝任性的相应对策

宝宝吸取的知识、养成的品行都是后天环境和教育的结果。对于他们来说，爸妈的因素是最重要的。

假使爸妈能在宝宝刚开始耍脾气要任性时，就采取正确对策、施予正确的教育影响，那么宝宝的任性，其实是可以被避免、被纠正的。

在很多西方国家都强调要对宝宝进行挫折教育，这是非常有必要的。当一个能走会跳的宝宝不慎跌倒在地上，爸妈一定要让他自己爬起来，因为他已经具备自己爬起来的能力。家庭的过分保护只会让宝宝凡事都想到依赖，造成宝宝自理能力差。

而任性的宝宝经常会提出不合理的

要求，并且以大哭、打滚、吵闹等方式来达到目的，爸妈一定要坚定地制止这种行为，采取讲理、鼓励、立规矩等方式来引导宝宝。比如宝宝在商场看到一款新玩具很想买，爸妈不必当下立即拒绝，而是采取委婉的方式告诉宝宝，爸妈可以买这个玩具，但是有交换条件，只要宝宝做到了这个条件，爸妈就会买。让宝宝明白他所获得的东西都不是凭空而来，需要一定的付出才能得到。

当宝宝出现任性行为的时候，爸妈不要以硬碰硬，这样只会让宝宝的情绪更加激烈，而要采取冷处理的方式，先让宝宝平静下来，再慢慢说后面的事情。一旦爸妈许下承诺，就要言出必行，不然下次再用这个方法就得不到宝宝的信任。

给爸妈的贴心建议

任性对宝宝的影响

从心理学角度来看，任性是缺乏自控能力的表现。任性的宝宝往往情绪多变、暴躁，多遭挫折。轻者会影响情绪、情感；重者引发心理疾病，更为严重的则丧失了道德原则，走上犯罪道路。父母不可不慎。

引导宝宝礼貌待人

讲文明、懂礼貌的孩子人人都喜欢，也有不少爸妈都希望宝宝成为懂礼貌的人，能够做到口头礼貌、与人的基本打招呼和应对，因此常常将"要有礼貌"这句话挂在嘴边。但其实对宝宝而言，爸妈嘴巴上经常提起的礼貌，只是一个难以明白又抽象的名词而已。

让宝宝从小懂得礼仪和待人之道是非常重要的。因为礼貌不仅仅能够让宝宝人见人爱，更是奠定宝宝未来发展社交与人际关系的重要基础；让宝宝学会与他人互动的方式，懂得如何关怀、体恤他人，更是礼貌教育的重点。

礼仪是做人的基础

礼仪修养是一个人所有品德的基础。有礼貌的孩童，会注重穿着整齐、彬彬有礼、轻声细语、举止得宜、守时守信、遵守纪律、勇于担当、远离不良行为等，就像是小绅士、小淑女一样。父母从小把孩子打造成小绅士、小淑女，不仅可以提升孩子的品位，甚至将影响孩子的一生，终生受益无穷。

有礼貌的人到哪都会受人欢迎，因此从小对孩子进行礼仪教育是非常必要的，而且越早越好。

以引导取代责骂

孩子常常因为怕生不好意思打招呼，这时候如果爸妈毫不留情地斥责他，可能造成孩子更加退缩的态度。

面对这种情况，大人可以用聊天的方式跟孩子沟通，找出孩子的真正问题，并慢慢导正他，这个过程需要一段时间，绝非短短一天便能达成，大人需要时刻提醒自己要耐心地对待孩子的困境。

(POINT) 模仿与学习

宝宝的礼貌行为来自父母

宝宝的礼貌行为，多有赖父母平日教导和示范，要经常让他们了解怎样做才是对，而怎样做是错的。

同时也要注意，礼貌的表现也会因宝宝实际年龄和生活经验、性情、成长环境的不同而表现不同。

爸妈都知道环境对宝宝的重要性，要让宝宝有效地学习礼貌，也可以从与家里人的交流学起，家庭其他成员更要做好表率，为宝宝创造充满礼貌谦让的生活环境。不论是成人间的互动或是与宝宝的互动都是有礼貌的对谈，那么宝宝也能够耳濡目染而获得良好的学习成效。

由上述内容可得知，爸爸妈妈和长辈的待客之道也会直接影响到宝宝的举止。但是有些好客的父母家里的孩子却很内向，不爱跟人打招呼，一般都是因为每次爸妈要求宝宝向客人打招呼、问候的时候，宝宝因为感到陌生退却，爸妈却没有多向宝宝解释、再要求宝宝尝试，令人不免担心以后宝宝会习惯性地把招呼客人当成父母的事，与自己毫无相干。

正确的做法是，爸妈要懂得让宝宝在陌生人面前介绍自己，问候对方，树立独立自信的形象，并且要对别人的表扬表示感谢。有时爸妈也可以有意识地让宝宝单独和第一次见面的同龄人相处，借以训练他的应变能力及礼貌待人的能力。

在三岁前的家庭教育阶段，爸妈不妨常给予宝宝这样的练习机会，让宝宝在生活中以没有压力的方式学习自然的相处方法，也有助于宝宝上学后能学习更多复杂的礼貌技巧。

给爸妈的贴心建议

宝宝要学会哪些基本礼仪？

1. 对待来访客人：要正视着别人的眼睛说"你好""欢迎你"等问候语表示欢迎。
2. 接受表扬或受赠礼物：要说"谢谢！""谢谢，我很喜欢"等谢词表示感谢。
3. 犯错、迟到、不小心伤害他人物品、别人时：要对当事人说"对不起""是我不好"等道歉词表示歉意。
4. 接受别人的道歉时：要说"没关系""没什么"等谦词表示自己已经原谅对方。

宝宝有了坏习惯

对于宝宝问题行为
的原因，爸妈要仔细观察

这个阶段的宝宝语言能力增强，正值模仿期间，对于周遭成人的言行举止会照单全收，如果宝宝这时出现了似是而非的行为，爸妈要学会运用技巧，正确地去面对问题。

宝宝说谎怎么办?

说谎是隐瞒真实情况，或捏造假信息并将它说出来的一种行为，通常带有多种目的。

大多数的父母都认同诚实才能经得起事实和历史的考验，才能使心境坦荡，胸襟开阔。因此，当宝宝一旦开始发展人生时，爸妈就会趋向教育宝宝：诚实是最好的美德，告诫宝宝不要说谎。

话虽如此，但在生活周遭还是经常听闻爸妈抱怨宝宝有说谎的坏习惯，却苦无良策。其实，宝宝说谎的原因多种多样，且内涵丰富多变，对宝宝说的每一次谎言爸妈都应仔细观察并分析，接着才能对症下药。

(POINT) 从根本解决

仔细观察宝宝说谎的原因

处于幼儿期的宝宝一般来说都是天真无邪的，拥有一颗坦诚纯洁的心灵，并且童言无忌，发自肺腑。

但有时说的话却与事实不符，常有出入，这时对宝宝先不要生气，必须要先找出他说谎背后的原因。

造成宝宝说谎的动机与原因有很多，需要爸妈深入了解，找出宝宝为了什么而说谎。

有可能是因为年纪小，认识能力和记忆力较差，因此，常常不小心混淆事实而不自知。比如学校要举办元宵节大型活动，请每个孩子带一盏兔子灯笼到幼儿园。宝宝回家后却因没弄清楚老师的要求，又记错了，便要求父母把家里所有玩具都带到幼儿园。这表明宝宝并不是有意说谎，只需逐步培养和提高宝宝的记忆力和认识力，就能自然学会正确地表达事实。

或者因为宝宝爱幻想，容易把想象当作生活实际情况，造成说谎的表象。因此，爸妈不要轻易指责这类型的宝宝是不诚实的，而是要帮助宝宝分清楚幻想和现实。

而绝大部分宝宝说谎的原因，是由于害怕爸妈的指责和批评、想逃避惩罚，于是只好说谎。爸妈要理解的是，宝宝在成长过程中难免会出现一些过失行为，过度的惩罚只会让宝宝产生恐惧心理、失去讲实话的勇气，间接就养成了消极的说谎习惯来逃避，爸妈应该鼓励宝宝勇于认错，只要是说实话，都应冷静地对待。

最后是爸妈应注重自己的言行，避免宝宝受到爸妈的不良影响、从中学习才养成了说谎的坏习惯。

给爸妈的贴心建议

这样的说谎不可以！

如果宝宝是为了推卸责任，或者为了让自己得利，故意说谎来欺骗爸妈，这就属于行为上的问题，需要爸妈及时地教育、纠正，告诫宝宝撒谎必将付出代价。必要时也可实施适当的惩罚，让宝宝引以为戒。

对宝宝要言而有信

在现今社会中，依然存在着一群"言语的巨人"，喜欢没事就逗弄天真无邪的宝宝，经常信口开河、随随便便就许下承诺；过后却又好像从来没有说过一样，若无其事，俨然成了"行动的矮子"。他们有的以为孩子还小，所以不必当真，说说也没关系；有的则以为宝宝一般记忆差，肯定不会记得。

然而事实正与这些以为相反。心理学研究表明，年幼的儿童具有尊重权威的倾向，他们总是把父母、老师的话奉为金科玉律，信以为真。也就是说，在宝宝的心目中，成人就代表了权力和威信。

爸妈是孩童的典范

爸妈是孩童最早的启蒙师，从牙牙学语开始，父母的教养态度即对他们产生重大的影响，孩子是否具有同情心、懂不懂礼貌，能不能独立、自信、乐观，都是从一出生就开始受到父母的影响。中国台湾一所大学认知神经科学研究所教授洪兰指出，从幼儿脑神经发育来看，"从零到五岁的内隐学习（品格的培养）非常重要，它是人格形成的关键，跟着你一辈子。"可见，父母的一言一行都会成为孩子观察、学习、模仿的对象，孩子很容易耳濡目染地形成他的生活习惯，影响他一生的价值观和人格。

POINT 坚持对的事

言而有信需要被严格遵守

一次次的失望经验，不仅伤了宝宝的心，也有损成人的尊严和威信，使他们不愿再相信成人。

同时，也可能使宝宝误以为人们说一套，做另一套是一种生活常态，言行举止可以不必一致也没关系。

权威是由父母自身决定的，爸妈以身作则、对宝宝施教的一条重要原则，就是言而有信。

从宝宝懂事开始，爸妈就应该要特别注重对宝宝诚信方面的教育。只要对宝宝承诺过的事，一定要兑现；对没有把握的事，不要轻易许诺，让宝宝有个好榜样。久而久之，宝宝也会适应爸妈的教育方式，知道要对说过的话有一份责任心，必定要做到，对增强宝宝的责任感大有助益。

同时，爸妈不应该仅仅自己履行诺言、言传身教，也应要求宝宝做到守信。

首先，因为宝宝在这个阶段心智尚未成熟，和宝宝的约定必须要清晰、简单明了，不能过于限制，避免适得其反，要让宝宝做起来比较容易。

此外，两岁多的宝宝做事总是随性而至，所以遵守承诺的过程还是需要爸妈在宝宝身边多提点和鼓励，当宝宝得到表扬，会更喜欢遵照约定来表现，以鼓励宝宝养成说话算话的好习惯。

值得注意的是，和宝宝之间也需要共同制订处罚，不守信用，就必须为之付出代价。在这个处罚里，不分成人与小孩，只分耍赖和守信。并且要严格，不能心软而放弃；其他家人也要加以配合，不能打破规矩，否则会让养成宝宝好习惯变得更加困难。

给爸妈的贴心建议

守信对宝宝的意义

遵守约定这件事，对现阶段的宝宝成长来说具有重要的意义。当双方立下约定，就代表要学习克制欲望或行为，从中累积自我控制的经验，并且学会为自己和别人负责。同时也在学习判断承诺内容的重要性。

宝宝的情绪发展需要被重视

观察了解宝宝的情绪，
重视宝宝的情感需要

幼儿期是情感教育的重要时期。个体基本的信任感、自主感和主动感都有相对应的生成时期。如果失去在特定关键时期的培养，宝宝的情感就不易得到良好的发展。

帮助宝宝宣泄负面情绪

幼儿期是宝宝的情感关键期，有更多复杂的情绪正在内在发展，时常会被强烈的情感所控制，并且显露于外表上，让宝宝有时会忽然地大发脾气，令父母感到相当头痛。

很多爸妈往往会不以为然地说，有吃有穿有玩，宝宝还能有什么理由不开心？分明就是"捣蛋"、"脾气坏"嘛！其实不然，宝宝在单纯的日常生活中，也会碰到许多不开心的事，如：练习穿衣服不顺利；饭菜不是喜欢吃的；

要求得不到满足或爸妈许诺的事没有被兑现等，这些情况都容易使宝宝紧张焦虑，失去心理平衡。

(POINT) 背后的深层原因

细心了解宝宝的负面情绪

所有宝宝都会有不愉快的情绪状态，但并非所有的宝宝都会用行动将情绪表现出来。

过去我们总倾向于称赞那些不用行动表达消极情绪的宝宝，并把这类孩子当作"好孩子"的榜样。

然而，爸妈应该了解一个崭新的观念：能够宣泄自己的感情才是心理健康的表现。面对宝宝无预警地乱发脾气，应该要找到对宝宝或别人都没有伤害的表达方式，而不是一味地要求宝宝压抑情感、不给予表达的机会。

如果宝宝从小就承担着敌意和消极情绪不能表达，长大后必然会产生内疚感或压抑感等负面感情。为了防患未然、创造健康的心理环境，爸妈必须要帮助宝宝正确表达和对待他们的各种情绪。

因此，爸妈要多利用观察来发现、辨别宝宝的情绪，了解宝宝语言或动作里真正隐含的感情。通常这是比较困难的，宝宝有时会害怕敌对情绪或侵犯情绪的流露，而采用一些隐晦的方法呈现，所以，要了解宝宝真实的情绪状态，只有仔细从言行举止的蛛丝马迹中去察觉。

此外，爸妈也应该要了解宝宝情绪波动的原因。一般来说，宝宝产生消极情绪的原因不外乎是因为得不到注意而引起不安和焦虑，尤其是一心想得到别人注意以求得自己满足的宝宝更是如此。或者是爸妈过于严厉的管教或经常性的呵斥、责备，也会造成宝宝萌生愤怒感。爸妈的恨铁不成钢，常会通过怒气表达在语言呵斥上，让宝宝备感扫兴与尴尬。

给爸妈的贴心建议

积极情感也需要被发泄

宝宝不只有怒气需要释放，高兴时也同样需要宣泄。通常，宝宝都乐于把自己得意的、高兴的事情告诉爸妈，会按捺不住心中的兴奋或激动不停地诉说。此时，爸妈切不可打断孩子的诉说，只需专注聆听。

如何教导宝宝有同理心？

宝宝在幼儿时期及早培养同理心的情操与行为，是帮助宝宝发展良好人际关系的关键。

一般而言，同理心包括情感、动机、认知、表达等条件，也就是说，具有同理心的人，既能辨识他人的言词与想法，也能对情感产生共鸣，并且会因为感同身受，激发关怀对方行动的意愿，能给予不喧宾夺主的适切温暖，善于安抚别人，以言词或行为来表达对他人的关怀。

而这些行为和重要的好奇心、恒心、逻辑思考力一样，并非与生俱来，而是源自生活经验不断刺激逐渐建立起来的。

爸妈是孩童行为的典范

培养孩童的同理心，对父母而言不容易。除了要营造一个和谐快乐的家庭气氛，让孩子生活在有安全感、温暖的环境外，父母要鼓励孩子勇于表达自己的情绪，并了解孩子的各种感受，因为得到父母关爱、支持、理解的孩子才会体谅别人。父母还必须做孩子日常生活中的好榜样，因为父母是孩子最直接的模仿对象，平常就要以身作则，例如帮邻居提重物、扶老人过马路等，展现能站在他人的立场为他人着想的一面。孩童的眼睛是雪亮的、心灵是透彻的，他们会观察学习，父母的行为自然会融入孩童的行为中。

(POINT) 同理心的建立

启发宝宝同理心的小诀窍

　　幼儿阶段的宝宝正是同理心发展的重要阶段，必须亲自体会情绪发生在身上的滋味，才能去理解别人。

　　而宝宝越能表现对他人的同理心，越能博得同伴好感，能交到更多朋友，有利宝宝社会行为的成熟。

　　虽然说建立人际关系是所有宝宝天生就有的需求，但仍然需要爸妈的示范与鼓励，才能萌生同理心。这是个复杂而漫长的认知及情绪发展过程，只提醒宝宝要尽量善待他人，是不够的。那么爸妈可以怎么做呢？

　　由于幼儿期的宝宝还以自我为中心，因此，爸妈要以身作则，借由关切宝宝的感受，鼓励宝宝与爸妈相互表达自己的情感体验。让宝宝知道爸妈也有过与自己一样的感情，为情感的共鸣提供基础。

　　其次，积极地展开训练，教宝宝将心比心地思考问题。如当我们讲完故事后，可以问宝宝假设性问题，促使宝宝从主角的角度来体验情感。以后也就能常设身处地为他人着想，无论是对他人的痛苦或者愉快的情绪都能借由代入产生共鸣。

　　此外，当宝宝有了一定的情感洞察基础之后，还要逐步加深对情感的理解力。这种能力是随着年龄的增长而增加的，年幼的宝宝即使能察觉到对方表达的情绪，但也许还无法理解产生这种情绪的缘由。

　　爸妈不必对此操之过急。可以经由引导，帮助宝宝回忆自己生活经验中经历过的特定社会情境，以及与此对应的情绪体验，从而逐步理解情绪产生的原因，更有效地体会他人的情感。

给爸妈的贴心建议

同情心和同理心的不同

　　同情心是泛指对周遭的人、事物都具有悲天悯人的情感，愿意牺牲自己，竭尽所能地去帮助别人。同理心则是设有界线的包容、尽力地去理解接纳他人，而不是牺牲自己，像同情心可能遭受无限纵容的滥用。

具备宽容和体谅的胸襟

从小教导宝宝拥有一颗宽容的心，无疑会使这世界变得更加美丽动人。对宝宝来说，宽容就是在与其他同龄人的相处中，能够宽大地表现出分享的思想和利他的行为。

在眼下的社会里，我们周围生活的宝宝多数不仅在家是唯我独尊的样子，稍不如意就要哭闹。到了幼儿园的大团体中，依然我行我素、独断独行，缺乏群体合作和平等待人的意识，不管在什么场合，凡有好事总要让他先占。本来宝宝间推打抢夺的事时有发生，却常得了理，更是理直气壮不让人。宽容似乎已不复存在。

同理心有助于孩童社会化的发展

同理心的发展是永无止境的，在生活中不断地延续。越有同理心的孩子，越能博得大家的好感、获得友谊，在团体中懂得团队合作，人际关系好，会交到更多朋友，有利于孩子社会化的成长，甚至长大后，会和伴侣发展出和谐的亲密关系。

品格的培养应从同理心开始，而孩子未来的幸福与同理心的发展息息相关。同理心的培养，必须从小就开始。

(POINT) 正确的价值观

利他精神应从小开始培养

在团体生活中，无论成人、小孩难免会有肢体或精神上的碰撞和冲突，此时心境就会让结果有所不同。

如果本着善良宽容的心情，就能够轻易地原谅别人对自己无意间造成的伤害，内心也能够平衡坦荡。

但如果满心斤斤计较，就容易把别人的无意伤害错看成是恶意攻击或恶意陷害；相对地，自己也满心险恶，无法得到安宁与平静。

宽容就是要具有宽广的胸怀、宏大的气度，要设身处地地为他人着想，在生活中谦恭礼让。把这些简单的道理告诉宝宝，让他们懂得与人为善，要从小做起，否则仅靠为所欲为不仅无法快乐，并且还会遭到他人的排斥和厌恶，应选择宽容，则使彼此打开心扉。

与此同时，从小培养宝宝的利他行为同样也是非常重要的。

利他是指不求回报的无私举动，含带着大量同情与热爱的善良，能够帮助他人而不炫耀。许多心理学的研究表明，宝宝从幼儿时期开始，就已经能表现出利他行为的倾向。此时，爸妈的言传身教就发挥着巨大的作用。

1973年心理学家M.R.杰楼在"儿童利他行为学习"的研究中指出，宝宝受暗示性强，榜样的影响力远比空洞的劝说更有说服力。因此，坐车时父母应主动给老人让座；在捐款活动中，爸妈可以带领宝宝亲自献上一份爱心。这些点点滴滴的利他行为都会在宝宝幼小的心灵上留下深刻的印象，就能从小培养懂得关心他人、帮助弱者的利他观念。

给爸妈的贴心建议

宽容和利他精神能带来愉悦的感受

在当前新旧价值观念冲撞越来越激烈的当口，不求回报的利他精神和宽容待人的宝贵行为，除了能让社交关系拓展顺利外，也能够让宝宝养成积极的正面性格，保持心态正向，进而维系身心健康。

自己的事情，自己做

○独立基础

适量的独立劳动可以让
宝宝练习自立

两岁半到三岁的宝宝开始有自己的个性，也有一定的独立自主性，爸妈要适当地引导他们独立完成一些简单家务，如穿衣服、收拾玩具、叠衣服等，借此学会照顾自己。

让宝宝意识到自我形象的重要性

三岁左右的宝宝开始有自己的主见和个人意识，是能顺利地与他人交往基础的开始。宝宝的自我意识得到发展后，会开始意识到自己在社会中的独立地位，能够了解、知道自己是家庭里的一员，也开始意识到其他人的存在，发现别人有时不会做和自己一样的行为，并且会开始在意别人对自己的看法。因此了解到自己应该需要获得爸妈、老师与同龄人的喜欢和尊重，希望保有好孩子、乖宝宝的模范标准，建立自我美好的形象，以获得其他小朋友的友谊，还有爸妈和老师对自己的夸奖。

POINT 引导建立的过程

积极建立宝宝的自我形象

一个有良好自我形象的宝宝经常觉得自己是受欢迎的，因而充满自信，能积极克服困难，大胆做事。

而自我形象差的宝宝，会经常觉得自己不令人满意，因此造成自卑胆怯的负面情绪，也常怕做错事。

值得爸妈注意的是，宝宝的自我形象一旦形成，就不易改变。因此从小积极帮助宝宝建立自我形象，认识自己，宝宝将会终生受益。

而爸妈要引导宝宝进一步地认识自己，可以从以下方面着手：

学会明辨是非：爸妈在日常生活中要抓紧机会，适当地教导宝宝客观认识事物，尤其是对于自己拥有的优缺点要有正确的认识。

此外，当宝宝做错了一件事，爸妈应该要及时教育，引导宝宝了解应该怎样做才是正确的。如果宝宝做对了，则要立即给予具体的表扬，树立宝宝明确的是非观。

学会树立榜样：当宝宝和比他小的小朋友在一起玩耍时，是最容易看出宝宝是否成熟、懂事的时机。这个时候要提醒宝宝记得谦让其他小朋友，好好地照顾、保护他们，要意识到自己年龄大一些，是他们的小哥哥或者小姐姐，能够做到的事情比他们更多，因此自己处处都要树立好榜样，让小弟弟、小妹妹学习。

学习责任感：爸妈如果发现宝宝对自己打碎的花瓶支支吾吾，不肯道歉或者不承认，一定要以坚定的态度好好教育一番，并且要用平和的语气告诉宝宝：做错了事并不可怕，做错勇于承担，并且积极改正，就还是听话的好宝宝。

给爸妈的贴心建议

树立宝宝的自我意识

自我意识是认识自己的作用、承担的责任等。爸妈在教导时要控制分寸，避免让宝宝个性变得强烈。应该让宝宝客观地认识自己，了解每个人都有优缺点，要努力改正自己的缺点，继续发扬自己的优点。

让宝宝独立穿衣服

调查显示，很多家里拥有三岁左右宝宝的妈妈，仍然在帮助宝宝穿衣服或整理衣服。其实，宝宝在三岁左右，就已经掌握一些独立穿衣服的能力，经过练习自己就能够顺利达成。如果妈妈一味地帮宝宝，无形中扼杀了宝宝很多动手以及探索的机会。

基本上，宝宝有了之前学习整理自己衣服的经验，经过几次练习，宝宝对于自己独立穿衣服也就更容易上手了。爸妈应该每天早晚都要试着让宝宝自己探索，学着如何穿衣服、脱衣服，还要学会卷起衣袖或者裤管，保护衣服的清洁卫生。

让孩童参与做家务

比如，早上刷牙后整理好自己的小水杯、牙刷、牙膏和毛巾；吃饭的时候，整理好自己的小饭桌和碗筷；妈妈用吸尘器的时候，帮忙挪开小椅子、掉落在地上的毛绒玩具等；洗衣服的时候，帮忙把衣服篓里的脏衣服装进洗衣机里；教会宝宝拣菜并把拣好的菜放在菜篮子里，等等。

记得要在宝宝每次完成简单的家务之后表扬他，千万不要在宝宝面前抱怨家务太难做、宝宝没有收拾干净，只会帮倒忙之类的话。要让宝宝感受到做家务是一件快乐的事，才能长期坚持。

(POINT) 学习独立的契机

宝宝独立穿衣服的小诀窍

宝宝的穿衣行为是动作发展，要靠成熟与学习，随着发展不同、穿衣行为不同，学习重点也不同。

穿衣是宝宝生活自理的一环，也是学习独立的机会，爸妈应任出宝宝自行摸索，以免养成依赖性。

三岁左右的宝宝已经有足够的认知能力，能够清楚地辨别各种T恤、衬衣、套头衫和背带裤等衣服款式的前面和后面、里面和外面。

爸爸妈妈可以从这里开始尝试引导宝宝，让宝宝自己学着穿无纽扣和拉拉链的衣服，接着再教导宝宝练习怎么扣上纽扣、解开纽扣的技巧。拉链对于宝宝来说会显得比较难一些，因为宝宝的肌肉发展还没办法将拉链顺利地拉上，容易用力过猛就撞上宝宝自己的下巴；

宝宝也不能够观察出拉链是否有卡住衣料的问题。此外，质量不好的拉链也容易割伤宝宝的小手，因此最好尽量减少购买有拉链的衣服、裤子。

脱衣服的时候则要教导宝宝先将纽扣解开，再以另一只手拉住袖口，就能把手臂轻松地抽出来。

而宝宝的裤子一般都有松紧带，穿和脱都比较方便。穿裤子的时候，可以教宝宝把背的下半部抵靠在墙上，或者一手扶着床沿，以方便宝宝保持身体平衡，再接着一鼓作气把裤子拉上。最好不要给男宝宝买有拉链的裤子，要以纽扣或是魔鬼毡代替，防止宝宝不慎夹到自己。

穿脱袜子的时候也有一定技巧，要沿着袜颈卷起来，这样更方便，而且能够更好地保持袜子的弹性。

给爸妈的贴心建议

独立穿衣服的探索精神应用

现代家庭多由爸妈教育、告知来主导宝宝学会穿衣穿鞋。但通过自己探索学会这些技能的宝宝，已经养成探索的好习惯，可以将这股探索精神移到其他方面来使用，从而比别的宝宝更加专注、善于思考。

鼓励宝宝参与家务劳动

　　许多爸妈抱着宝宝年纪还小不懂事的看法，总是将宝宝支开做家务的现场。其实家务劳动不仅能训练宝宝独立自主的能力，还能培养他们对家庭的良好观念。而且宝宝在三岁左右的模仿能力强，也愿意听从父母的安排，许多陪伴一生的好习惯都要抓紧时机在这时候养成，如果到了五六岁依然娇惯任性，就很难改正过来。

　　爸妈可以在平时的交流互动中不断鼓励宝宝、引导宝宝参加家务劳动，灌输宝宝对做家务的正确观念。况且目标不在于他们能为家务做多少，而是他们参与的过程。

孩童能从做家务中学习自理

　　身为家庭的一份子，孩子理应帮忙分担家务，他们才能了解家庭生活的基本规律、需求，习得必要的生活知识，利于强化他们的亲情观念和责任意识，使孩童在将来的实际操作过程中无往不利。通过做家务，孩子有机会与父母沟通与交流，并且提高孩童实际处理事务的能力与效率。

(POINT) 鼓励取代责骂

引导宝宝来做家务的诀窍

宝宝做的虽是一些在成人眼里微不足道的家务劳动，如拿拖鞋、擦桌子等，但对他们来说却意义重大。

让宝宝在做家务的过程中，将做家务当作乐趣和对家庭应尽的义务，有利于培养他的责任心和义务感。

因此，爸妈应重视利用家务劳动对宝宝进行家庭教育。和宝宝一起做家务，提高他对家务劳动的兴趣，还能拉近亲子感情、启发宝宝的协作精神。

想让宝宝做家务劳动，爸妈应视宝宝的状况，给他分配一些力所能及的任务，可以让宝宝从整理自己身边的东西开始着手，引起他做家务的欲望。

爸妈可以在宝宝执行家务的过程中，在一旁耐心地讲解示范，引导宝宝学习相关的技巧以克服困难，树立一个模仿的榜样。并且要及时提醒、预防宝宝注意力转移，帮助他能够将家务有头有尾地做完。

督促宝宝学会自我保护

宝宝就像探险家，对一切事物都感到新奇。然而，因为缺乏基本生活常识和经验、受到认知发展水准的限制，其行为往往带有冲动性、盲目性，甚至危险性。因此在幼儿期烫伤、骨折、走失等意外事故的发生屡见不鲜。

有的爸妈认为，宝宝的跌跌撞撞不必在意，但由于缺少指导，宝宝要吃过亏才能成长，发生事故在所难免。有的

给爸妈的贴心建议

力所能及很重要

只要爸妈指派项目是宝宝能力能够负担的，做家务就能激发宝宝的积极性。千万不要强迫宝宝做超出负荷或不喜欢做的事。如果挑战太高、容易失败，会使宝宝觉得泄气，进而将做家务与厌恶感产生联结。

爸妈则是被许多事例钳制，将宝宝强制纳入保护，采取消极制止或打骂来阻止行动，对宝宝提出的好奇探索不许不准，大大地束缚了宝宝思考以及各方面的能力发展。

爸妈应教导孩童安全守则

孩童已经能初步辨识"可以"和"不可以"的触摸界限，也知道假如觉得不舒服要进行反抗。父母要学会倾听孩童的感受，不要因为他们的负面情绪而批判他们。持续这样教导，父母即能建立一个让孩子能够辨识、信任自我感受的环境。

有经验的孩童知道如何辨识自己的感觉，并做出反应，他们会立即听到内心的警告。他们不会忽略自己的感觉，把异状合理化，或认为一切只是自己的想象。帮助孩子辨识、信任自己的感觉，无论是什么感觉，都能让孩童在危险可疑的情况下产生更敏捷的反应能力，也更能够保护自己。

(POINT) 提高宝宝的安全意识

教会宝宝自我保护的窍门

采取放手不管、消极限制与过度保护的方式，都不利于宝宝的健康成长，甚至会阻碍宝宝发展。

只有逐步地增强宝宝的安全意识，提高宝宝的自我保护能力，才是避免和减轻事故发生的最好方法。

首先，爸妈可以通过各种途径，丰富宝宝的生活经验，以增强宝宝的自我保护意识。

如通过体验的方式，握住宝宝的手摸一下热水壶，使他感觉到烫就随即把手拿开。有过体验后再遇到类似情况，宝宝的手就会下意识地缩回去；或者利用周围生活中他人发生的事故和教训，及时对宝宝进行事实教育，成为预防意外事故发生的教材。

其次，则是要让宝宝学习掌握粗浅的安全卫生知识。

学龄前幼儿的身体和心理发展特点，决定了这时期的宝宝比较容易发生身心疾病与意外事故。因此，爸妈除了对宝宝加强必要的保护，还应事先教育宝宝生活中什么事该做，什么事不能做，并且告知这样做可能造成的严重危害；还要在事故发生时，教会宝宝正确的处理方法。

此外，教会宝宝识别常见的符号和标志、了解每个标志所包含的意思，也是提高宝宝自我保护能力的要点，可以使宝宝更主动地保护自己。

最后，通过实践来掌握生活常识。让宝宝尝试自己动手做，学会使用剪刀或针线，好明白其中的危险如何规避；或教导宝宝基本的运动方法和自我保护的技能，使宝宝动作灵活，思考敏捷，以期能提高自我保护的能力。

给爸妈的贴心建议

教宝宝学会处理应急突发事件

为了应对特殊的突发事件，爸妈还可以告诉宝宝几个常用的电话号码以及相应的处理措施，预防宝宝碰上。如110，在遇到坏人时可以向警察求救；119是火警电话，可以通过相关电话向成人求援。